道不远人

——郭继承

解决问题的智慧
人生问题三百问

郭继承 著

图书在版编目（CIP）数据

解决问题的智慧：人生问题三百问 / 郭继承著. -- 北京：当代世界出版社，2020.1（2024.4重印）

ISBN 978-7-5090-1445-5

Ⅰ. ①解… Ⅱ. ①郭… Ⅲ. ①人生哲学－通俗读物 Ⅳ. ① B821-49

中国版本图书馆 CIP 数据核字（2018）第 207067 号

书　　名：	解决问题的智慧：人生问题三百问
作　　者：	郭继承
监　　制：	吕辉
责任编辑：	孙真
出版发行：	当代世界出版社有限公司
地　　址：	北京市东城区地安门东大街 70-9 号
邮　　编：	100009
邮　　箱：	ddsjchubanshe@163.com
编务电话：	（010）83908377
发行电话：	（010）83908410 转 806
传　　真：	（010）83908410 转 812
经　　销：	新华书店
印　　刷：	艺通印刷（天津）有限公司
开　　本：	710 毫米 ×1000 毫米　　1/16
印　　张：	20.25
字　　数：	256 千字
版　　次：	2020 年 1 月第 1 版
印　　次：	2024 年 4 月第 5 次
书　　号：	ISBN 978-7-5090-1445-5
定　　价：	58.00 元

法律顾问：北京市东卫律师事务所　钱汪龙律师团队（010）65542827
版权所有，翻印必究；未经许可，不得转载。

"文化"的初心和价值

当今社会越来越多的人接受了高等教育，读硕士、博士的也是大有人在。如果我们追问读书的目的究竟是什么？除了为找到工作之外，很重要的就在于文化能够帮助我们更好地解决问题、优化我们的生活、让我们的生活更美好。简单地说，一个人应该有"初心"，文化也应该有"初心"，那就是有助于解决人们生活中存在的各种各样的问题，让人们的生活各方面得到提高和优化，让人们感到更幸福。

如果把文化比喻成花朵，那么人们的生活就是滋养文化花朵的土壤和水分。文化如果离开为人民服务，不能解决人民的实际问题，文化终会衰败和凋零。如果这种认识能够成为社会的共识，并成为评价体系，那么就会引导无数的文化学习者、研究者、传播者，走进社会、走进人民的生活，真正将如何推动社会进步、解决人民的实际问题为努力方向，那就会激发出千百万知识分子的创造力和活力。

当今时代，人们的生活方式和环境发生着巨大的变化，人们身心所面临的挑战也是前所未有。无论是个人的心灵家园，还是家庭、工作等，人们都面临着无数的新挑战、新问题、新变化。如何分析这些问题，给人们一些启发，绝不是简单地从历史中寻找答案，也不是照搬国外的东西就有灵丹妙药，需要中国的知识分子真正将文化走进人民，真正研究、思考中国的问题，并加以回答。

正是基于这样的考量，我在日常生活中针对人们生活中的各种问题，把自己的看法简洁地记录下来，供大家参考。当然，我对问题的看法，绝不是什么标准答案，只是提供一种分析，作为启迪大家的思路。希望读者朋友们在阅读的时候，能够结合自己的实际做出更好的剖析、判断。

愿每一位读者朋友都能够更通达地看世界，更圆融地处理好人生的各种问题。

郭继承

2020 年 12 月 4 日

前　言
思考，点亮人生的点点星光

　　曾有一次，在初夏的六月去江西上课，看着高铁外不断映入眼帘的荷花，我的心里有特别的触动和清凉，很想在触景生情的时候，写一点心里的感受，可还没等酝酿出更好的语句表达自己的心情，目的地已经到了。这个时候，忽然意识到历史上精美的诗词，也许真的要成为历史的绝响了。在一个快节奏的时代里，一切似乎都急躁躁的，我们还有时间沉淀自己的心情吗？很多美好，没有时间的发酵，没有浸润其中的心，我们恐怕不会有"梧桐更兼细雨"的感悟，也很难有"细雨鱼儿出，微风燕子斜"的细腻了。

　　快节奏的生活，不仅给写作带来了挑战，对于人们的阅读，也带来了很大的挑战。在一个互联网充斥生活每一个角落的时代，大家更习惯的是拿起手机，阅读几十个字、几百个字的短篇，很少有人能够拿起几十万字的专著展开深入的阅读。可是阅读的重要性毋庸置疑，于是我们要问：在这个时代，当一个人的定力被支离破碎的文字所肢解时，当很多年轻人都习惯"抖音"时，我们应该怎么样进行文化创造和阅读？鉴于文意的表达，应顺应这个时代的阅读习惯，我在写作的时候，注意用尽可能凝练的文字，表达尽可能深刻的看法，力图通过简略的文字把要说的话表达出来，这就是写这本书的初衷。

这一本书,是我平时对人生、社会、历史、教育、文化等问题的思考,有些问题是社会热点,有些是人类思想史上永恒的问题,有些是回应人生的困惑,有些是释疑成长的烦恼,总之是希望符合今天人们快节奏的阅读习惯,力争让大家开卷有益。

这本书集中起来的文章,每一篇大约只有几百字到几千字不等,这看起来短小精悍的文章,却是把精彩的结论以凝练的文字表达出来,读者可以在很多生活的夹隙里体会阅读的益处。一篇一篇的小文章,就像夜空里的点点星光,虽然只是闪闪烁烁,但正是这点点星光,却装点了美丽的夜空,让每一个仰望星空的人因满天的星光而惬意。

人生就好比是思考的长河,随着潺潺的流水,河边的风景也在不断地发生变化,人的思考也随着风景的变化而不断前行。所以,这本书只是一个开始,今后还会有一系列的思考,这既是人生思考的见证,也是记载生命之河的日记,让我们共同在思考中体悟人生、品味人生,让人生更有意义和价值。

2019 年 9 月 6 日

序　言

文化的价值，在于解决人生的问题

　　任何一个文化形态，其存在的价值何在？根本就在于能够应用在当下，能够帮助人们解决人生的难题，从而让我们生活、发展得更好。所以，《中庸》曾经说：道不远人，远人不可以为道。文化只有走进人民，走进生活，能够帮助人们解决问题、看得通透、生活得更好，才有不断发展的源头活水。一个对社会进步和人民生活没有多少实际价值的文化形态，不会有长久的生命力！

　　当然，文化进步也需要深刻的理论探索和总结，这些内容可能从表面上看有些远离人们的现实生活，但归根结底，文化创造来自社会生活和人们的工作实践。而且，理论的深刻不在于晦涩难懂，而是对问题深刻的洞察和提炼。真正万古流芳的文化精品，无不是深刻地反映了时代问题和人民所需，并以深入浅出的语言被人民喜闻乐见，回答时代之问。本书撰写的宗旨，就是要让文化立足于人们的生活，扎根于读者中间，真正回答或者解决人们面临的实际问题，从而让文化的水滋养人们的生活，实现以文化人、以文养人的目的。在书中，我总结和凝练了人们普遍困惑的几百个问题加以分析，从中华文化的大海中吸取智慧，用以释疑人生的困惑和疑难，从而尽可能让我们的读者朋友可以从中得到启迪，提升智慧，让人生豁然开朗！

对于读者朋友而言，书中所列举的几百个问题，总有一些问题也许正好回答了读者自己的疑问。希望这本书对每一个人都有所裨益。需要指出的是，我对问题的分析，当然有着我的局限，所以书中的解析，只供大家参考。在现实生活中，读者朋友应该结合自己的实际加以创造性的理解和应用。

祝每一位读者朋友开卷有益，生活和工作越来越好！

目 录

安身立命　内圣外王

为什么现代人的心理疾病越来越多？/003
为什么说在原点寻找症结，才能更好地解决问题？/004
为什么当把自己交给别人的时候，你就输了？/006
人性的局限，是我们人生最大的障碍吗？/008
自卑的背后是什么？/008
为什么说讨厌别人的背后往往是自私？/009
为何我总是焦虑？/010
为什么说不经历绝境，不是真正的人生？/011
怎样正确地看待欲望？/013
烦恼从哪里来？/014
"善护念"有什么作用？/015
为什么心灵的丰盈是幸福的重要支撑？/016
为什么说爱美，要从美化自己的心灵开始？/016
孔子为什么反感能说会道的人？/017
为什么说平凡的人生，一样值得我们尊重？/018
为什么说"有什么心，就有什么世界"？/019
为什么说不要轻言大德？/019

沉迷手机的危害是什么？ /020
在纷繁的信息"大海"中，我们如何选择信息？ /021

何为自我修炼？ /022
为什么人要锻炼自己的承受力？ /022
为什么说"我不喜欢"会带来自我封闭的倾向？ /024
什么是真正的"自信"？ /025
人性的两个层面是什么？ /026
为什么心灵是我们最宝贵的财富？ /027
为什么人生要学会反观自己？ /027
人性到底是什么？ /028
我们如何避免生命中的各种消耗？ /029
为什么修行要心无旁骛？ /029
为什么真正平凡的是自己，而不是岗位？ /030
人生应该有几种"心"？ /031
如何在竞争中脱颖而出？ /032
为什么不要做生命的泡沫？ /033
为什么建设性的努力比单纯的指责更有用？ /033

一个人修为的关键是什么？ /035
为自己的选择承担责任，有什么重要意义？ /035
如何评价"有多大的历练，就有多大的觉悟"？ /036
为什么说"一以贯之"，才能累积而成就辉煌？ /037
为什么会出现"好人过不好"的现象？ /038
生命的意义是什么？ /039
为什么心灵需求是物质富裕之后的必然趋势？ /039

脸上的"五官"给我们什么样的启发？/040

为什么人生的机会来自奉献和善行？/041

"苔花如米小，也学牡丹开"给我们什么启示？/042

为什么说顺者为"人"逆者"仙"？/042

为什么人生有"因"必有"果"？/043

什么是"不为所动，不被境转"？什么是"随波逐流"？/043

为什么要学安身立命的真本事？/044

放慢人生的脚步会给我们带来什么？/045

脚踏实地为什么这么重要？/046

我们怎样效法孔子的成长？/046

"我究竟是谁"重要吗？/048

如何知道自己的使命？/049

为什么说权力的诱惑，如同刀尖上的蜂蜜？/051

为什么想要成功必须要全心全意？/051

事业与道业是怎样的关系？/052

为什么人生要修两颗心？/052

为什么说人生是一场旅行？/053

如何理解内圣与外王？/054

谁才是人生的终极拯救者？/054

怎样以不变的智慧把握世界的变化？/055

如何才能做到"莫向光阴惰寸功"？/056

为什么很多年轻人虚度年华不懂得珍惜？/057

贫困最大的敌人是谁？/058

为什么说人生最大的平台是人心？/059

什么是"道法自然"与"知其不可而为之"？/060

人生的方向到底应该怎么确定？/061
为什么人生就是不断地放下？/062
人生都要经历哪些考验？/063
为什么说经得起死亡检视，才是安祥的人生？/065
为何说开启自己的智慧，才能大气磅礴？/066

我们如何正确地看问题？/068
为什么不能怨天尤人？/069
怎样才算圆融地看世界？/069
怎样理解国无德不兴，人无德不立？/070
好人没有好报吗？/071
为什么说有道德的人才真正有智慧？/072
说得好与做得好有什么区别？/072
为什么说上善若水，要向水学习？/073
得到与奉献的关系是怎样的？/074
"深心才可成就"的含义是什么？/074
怎样超越"天刑"真正升华？/075
人人都可以做菩萨精神的践行者吗？/076
为什么说懂得感恩是人生必要的素养？/078
"舍与得"意味着什么？/078
为什么说修行在生活中？/079
为什么说领悟真理是殊途同归？/080
世间与出世间的关系是什么？/081
为什么观于沧海者，难为水？/082
为什么因果是宇宙运行的法则？/083

净化心灵，为什么是人生的永恒主题？ /084

随缘为什么是大智慧？ /085

为什么说教育，就是点一盏心灯？ /086

什么是智慧？ /086

为什么真正为他人着想的人，才是有智慧的人？ /088

究竟谁能让自己幸福？ /088

经济形势不好的时候，企业家如何自处？ /089

为什么人生的层次有高有低？ /090

随遇而安是种什么样的智慧？ /091

为什么说不要轻视平凡人？ /091

为什么说利益苍生，也是为自己留福田？ /092

为什么说终极的强大是自强？ /094

为什么说民众是平凡的人，又是伟大的人？ /094

为什么说"志无立，无可成之事"？ /095

平凡中才能创造伟大，是真的吗？ /095

人生真正的救赎依靠什么？ /096

为什么说你的标准决定了你的高度？ /097

我们该怎样期待爱情？ /097

独立思考、学会辨别，有什么样的意义？ /098

为什么说面对文化的乱象，要"扶正固本"？ /099

为什么追求真理和觉悟，要有义无反顾之心？ /099

何谓"修行"？ /100

如何修出心灵的莲花？ /101

为什么说"心底无私天地宽"？ /102

为什么修心是一生的功课？ /102

为什么说发愿是人生的一盏心灯？ /103

培养好自己的道心有什么重要的意义？/104
为什么说人间处处有菩萨？/105
我们为什么要活在当下？/106
我们怎样才能修好一颗心？/106

为什么要确定人生的第一价值？/107
年轻人如何获得成功？/108
频繁跳槽好不好？/110
为什么创业是人生成长很好的历练？/111
创业的前提是什么？/112
企业家的使命是什么？/113
什么是企业的"根本"？/113
什么是健康企业的五大系统？/114
为什么说中华文化是促进员工团队建设的重要文化资源？/116
为什么说人人都应该有一段做志愿者的经历？/117
如何管理志愿者团队？/117
做志愿者应该持有什么样的态度？/119

格物致知　学而不厌

家庭教育是孩子成长最重要的"课堂"？/123
家庭教育为何也要"相濡以沫，不若相忘于江湖"？/124
为什么小善举胜过大道理？/124
中国人为什么重视"孝道"？/125
为什么说"尊老"是有世界性意义的？/126
为什么要及时尽孝？/127
为什么要感谢母亲？/129

永远的母亲大人给了我们什么？ /130

对父母最好的感恩方式是什么？ /130

今天的孩子如何立志？ /134

如何激发孩子的奋斗精神？ /135

如何培养孩子的定力？ /135

家长们如何帮助孩子？ /137

为什么孩子会厌学？ /138

如何应对孩子青春期的逆反？ /139

如何解决孩子玩物丧志与沉迷网游？ /140

青少年暴力犯罪与沉迷于网络游戏是否有关？ /141

为什么说重视成绩，更要注意孩子全面成长？ /142

今天谁还在认真听课？ /142

怎样让孩子爱上历史？ /143

孩子学国学，仅仅背诵可以吗？ /145

我们为什么一定要重视生命的教育？ /146

怎样走好人生最关键的几步？ /148

参加高考，如何才能考出好成绩？ /149

大考之前的注意事项有哪些？ /149

填报高考志愿应注意些什么？ /150

考取名牌高校真的那么重要吗？ /151

高考、考研学校不理想，又能如何？ /152

远离人们生活的大学，路在何方？ /154

考上大学一切就都好了吗？ /154

考上大学，是为了更高的理想而奋斗吗？ /155

怎样过精彩的大学生活？/156

人生要有哪两个目标？/157

为什么说听课要有提炼真东西的能力？/157

怎样读研究生？/158

如何撰写学术论文？/159

怎样读大学和研究生的收获更多？/160

如何在时局大运中看教育？/163

为什么教育是改变国运的根本举措？/164

为什么教育要润物细无声？/165

为什么素质教育与应试能力不矛盾？/166

什么是教育的责任？/167

为什么说不能忽视健全的人格教育？/168

为什么教育要注意前进的方向？/169

为什么教育要启迪心智？/169

学生伤害老师带给人们的反思是什么？/170

如何做一个好的老师？/171

如何做好中学教育？/172

为什么说教材是孩子健康成长的守护神？/175

家国天下　匹夫有责

为什么说爱国是一个人天然的感情？/179

如何做一个清醒的爱国者？/179

盛唐气象对中国的复兴有什么启示？/181

国际交往中的"中国智慧"和"中国方案"是什么？/181

为什么说任何民族都要有自己的精神家园？/182

为什么说国家认同的基础在文化认同？/183
为什么说任何民族都需要精神与人格的高峰？/183
为什么中华文化是人类文明史上的奇迹？/184
为什么说消极的躲避，不如积极的融入？/186
岳飞的精忠报国对现在有什么意义？/187
为什么说我们的文化心态一定要健康？/188
为什么我们不能妄自菲薄？/189
实业在国家振兴中起到什么作用？/190
为什么说大一统是中国历史最宝贵的经验之一？/190

怎样对待人类社会的"常态"和"病态"？/192
为什么社会治理是各种要素的有机统一？/192
为什么说评价社会是否进步的重要标志是"道心"的扩充？/194
什么是社会发展的"变"与"不变"？/195
为什么会有"喷子"？/196
为什么说"中道圆融"是管理学的大智慧？/197
社会竞争力的外在表现是什么？/198
什么是价值观的"多"与"一"？/199
为什么说发展较快的时候，往往是问题积累的时候？/199
怎么看待当今的环境污染？/200
一个好的法律判决所具备的标准是什么？/201
当今出生率的下降有什么危害？/202

为什么对王安石的评价是世缘太深？/204
左宗棠为什么坚持收复新疆？/204
和星云大师的一面之缘中领会了什么？/205

叶曼女士给予我们什么样的启示？/206
为什么卡斯特罗是一个时代的符号？/207
张伯苓的三句话有什么重要意义？/207
什么是知识分子的本分？/208
为什么知识分子要有自己的独立价值？/209
知识分子的使命是什么？/210

守护根脉　弘扬经典

中华文化的特点是什么？/215
我们为什么要学习、传承、弘扬中华文化？/216
如何从历史的角度看待中华文化？/218
文脉和国运的关系是什么？/219
文化的形而下与形而上是什么？/220
中华文化的发展对于世界有什么意义？/221
什么是判断文化形态优劣的尺度？/227
怎样处理经济全球化过程中的文化碰撞？/228
为什么说文化的发展是一场接力赛？/229
为什么说文化发展是清理和传承的有机统一？/230
为什么要建立起对中华文化的自信？/230
为什么我们一定要认识到中华文化教育的重要性？/232

圣贤之道的精粹是什么？/234
为什么说儒家是中华文化的基础？/235
儒释道三家的区别是什么？/235
我们如何看待孔子？/237
佛学的智慧是什么？/238

王阳明是如何创立"心学"的？/240

什么是道、魂、术、器？/241

《黄粱一梦》对我们有什么启示？/242

"莫听穿林打叶声"是什么含义？/244

为什么说"大道不远人"，不要故弄玄虚？/244

儒家的"立"，道家的"破"，含义何在？/245

我们怎样学道？/245

孔子为何"敬鬼神而远之"？/246

内在的境界，如何通过外在的做人做事证明？/247

权力越大，责任就越大吗？/247

放下屠刀，立地成佛，指的是什么？/248

为什么要坚决反对"迷信"？/249

学习中国传统文化之后，就一切顺利吗？/250

何为国学？/252

我们为什么要学习国学？/253

如何做好国学教育？/253

阅读经典，为什么是人成长的捷径？/254

如何解释经典？/255

我们应该怎样读国学经典？/256

读圣贤书的意义有哪些？/258

为什么听说了很多道理，却过不好这一生？/259

如何让阅读更有"智慧"？/260

我们能为后世留下什么经典？/260

如何理解文化宣传要"正气存内，邪不可干"？/262

如何对待社会上的文化乱象？/262
当前我们如何弘扬中华文化？/263
中华文化的脉络与结构是什么？/264
我们为什么要注意话语背后的价值立场？/266
为什么传承国学需要众志成城？/267

为什么我们要向劳动者致敬？/269
五四寄语——如何做新时代的中国青年？/269
为什么说冬至"一阳来复"？/270
为什么要学会敬畏与感恩？/271
浴佛节有什么样的启示？/272
腊八节施粥有什么含意？/273
端午节有什么深刻的含义？/273
过小年有什么样的启示？/274
春节赋予我们什么样的含义？/275
一年四季给我们什么启示？/276

全世界的不同文明如何和平相处？/278
什么是女排精神？/279
中华武术与现代搏击的对抗说明了什么？/280
人类为什么需要多元包容的文化心态？/281
为什么多元文化需要和而不同？/282
"一带一路"背后有什么样的中国智慧和中国方案？/283
为什么说中医的思维和视角值得世界借鉴？/283
为什么很多人到处套用西方学术框架？/284
中华民族真的缺少信仰吗？/286

为什么说中华文化是内在的觉悟，西方的文化是外在的"拯救"？/287
西方喊的自由和民主其本质是什么意思？它的自由又是什么自由？/289
为什么说文化和信仰是一个社会终极的稳定剂？/290
为什么没有伟大的心灵世界，就不会有光辉的未来？/291

为什么说历史是我们进步的阶梯？/292
处在历史的漩涡中，人应该如何自处？/293
历史为什么不能推倒重来？/293
崖山之后，再无中华吗？/294
怎样理解历史的"变"与"不变"？/298

后　记　文化的真正生命力在于解决问题 /299

安身立命　内圣外王

为什么现代人的心理疾病越来越多？

据我个人的观察和感受，这几年人们的心理问题呈现出越来越多的趋势，在多年以前几乎都没有听过的抑郁症、自闭症、焦虑症、社交恐惧症等，在当今则屡见不鲜。为什么社会物质文明越进步，各类心理问题越是凸显呢？我们不妨深入分析一下，以帮助更多的人保持身心健康。

一个人如何才能身心健康？除了先天的因素之外，后天的成长环境格外重要。先天的因素，我们很难改变，那么我们就要从后天的努力出发，力争拥有喜乐幸福的人生。

一个人生活在天地之间、社会中间、家庭中间，首先要做到几个通透，否则就会影响人的成长。

人和天地、大自然要通透，只有在大自然的环境里，孩子才能心情舒畅，接收能量，观察世界。在我小的时候，每年的春风拂面，柳芽吐绿，小燕子叽叽喳喳的叫声；夏天树上的蝉鸣，田野里各种小草和庄稼的生长、结果，我都能够记得清清楚楚。而且，在田野里和万物相处的时候，我们有很多自得的快乐，值得一生回忆。

在物质财富不发达的年代，农村的孩子几乎天天和父母在一起，无论是在家里，还是在地里干活；在生活之余，一大群小孩子经常在一起做游戏，这就是当时孩子生活的常态，恰恰在这个过程中，实现了人与人的通透。

在那样的环境下，极少听过什么自闭行为和交流障碍，因为几乎任何时候都处在人和人的交往之中，即便是天生语言发育迟缓和不太会交流的孩子，也可以在天天与小朋友们的玩耍中训练出来。

我们小的时候，几乎人人都吃过苦，甚至很多人连温饱问题都未曾解决。在那样的环境中，我们吃苦、挣扎、打拼、奋斗，很多的人生历练融化为人生的财富，能够正确地看待各种人生经历，这就是人面向自我的通透，能够正确地看待和处理人生面临的各种问题。

反观今天，在人成长的问题上需要很多反思。物质财富增加了，高楼林立，孩子们被圈在狭小的房子里，每天看到的不过是一些小玩具，和大自然亲密接触的机会大大减少了。而且为了安全，学校也不敢组织更多的田野考察等活动，更压缩了孩子接触大自然的机会。

现在独生子女多，放开生育后，由于各种原因，出生率并不理想，小孩子缺少同龄的玩伴。再加上父母都在上班，每天陪伴的时间很少，这导致很多孩子缺少与人接触和玩耍的环境，容易引发各种交流障碍。

简言之，在物质文明比较发达的今天，孩子和大自然缺少接触，父母很忙，家庭和家庭来往比较少，小朋友之间缺少接触，孩子和父母缺少接触。孩子在温室里长大，不经历风雨，自己的心量也无法打开，正是这些原因容易导致社会上出现了各种心理疾病，这是我们必须思考和应对的时代问题。

面向未来，我们要让孩子和大自然多接触，实现人和自然之间的通透；父母和孩子多接触交流、小朋友之间多交流，实现人与人之间的通透；读圣贤书，多经历一些考验，把孩子的心量打开，开启内在的通透，让孩子能够承担生命的责任，正确地应对和处理生命的各种挑战。唯有如此，才能实现身心健康的目标！

为什么说在原点寻找症结，才能更好地解决问题？

解决任何问题，我们常说一个词：对症下药。关键在于如何发现问题背后的症结。

很多人生问题和困惑的出现，都是现象或者表象，问题在于当事人有没有从表象入手找到问题症结的能力。也就是说，很多问题的出现，已经表现为结果，我们一定要学会分析和找到问题之所以发生的原点，并在这个原点加以修正，这样才能真正对症下药。

比如一个孩子得了抑郁症，这实际上只是一种精神和心理上的"特殊表现"，那么我们要问：好好的孩子，为什么得了抑郁症？遇到此类问题，不要惊慌失措，更不要看得过于严重，因为这于事无补。正确的做法，就是找到产生抑郁症的原点，找到真正的症结或者心结，这样才能够对症下药。

我有一个案例可供参考：一个学生，身体有一点残疾，上中学的时候，家庭条件比较优越，学习成绩也比较好。后来，家里从县城搬到了省城，不巧的是他父亲经商失败，家庭经济状况一落千丈，这个时候，孩子逐渐患上了抑郁症，甚至到了依靠药物维持的状态，整个家庭都非常担心。后来这个学生听了我的课，把他的情况给我作了说明，而且一再强调他有抑郁症，我明确地告诉他根本没有抑郁症，只是没有调整好自己而已。

我问他：你有过很快乐的时光吗？他说有。我问他什么时候？他说在县城读中学的时候。我又问什么时候开始得的抑郁症？他说是到了省城之后。我告诉他：你为什么在县城读中学的时候觉得快乐？因为你那个时候家庭条件好，学习成绩也可以。这就有了面对别人时的自信支点。可等到了省城生活之后，家庭条件不好了，学习成绩也不那么出色了，你原来的自信支点土崩瓦解，这就是心情抑郁的表面原因。更深一步，你所有的人生快乐，都是自己比别人优越和强势的时候，或者是家庭条件比别人好，或者是学习比别人好等，这就反映了价值观问题上一个致命的缺陷：那就是自私，一定要超过别人。有了这个问题根源，虚荣、攀比、不自信的时候不愿意和人打交道等，都是自然而然发生的！这才是你为什么抑郁的真正原因。因此，你如果不在价值观上改变自己，很多问题也不可能得到真正的解决。

听到我的分析之后，他问我如何救治？我回答：那就需要自己脱胎换骨的改变，从灵魂深处改变自己的自私，能够真正欣赏别人的优秀，盼着别人比自己发展得好，为别人的优秀和出色喝彩，真正能够为别人取得的成就发自内心地高兴！

他听后觉得有点难，我告诉他这是真正救他的办法，当内心深处把自私的根挖掉了，能够欣赏别人的优秀，能够真正为别人的成就而高兴的时候，就会时常快快乐乐，什么虚荣、攀比、狭隘、不自信等，随风而去，每天都有海阔天空的心情！但如果自己就是自私和狭隘，就是见不得别人好，只要看到自己不如别人就不自信，就封闭自己，那谁也没办法！永远记住：真正救治自己的人，只有自己！

任何人生问题，不要被表象所迷惑，只有在原点处下手，才能化解问题，过一个喜乐圆满的人生！

为什么当把自己交给别人的时候，你就输了？

很多人在做事情的时候，有一个共同的特点：那就是总想依赖关系、依赖别人的帮助。岂不知一个人做事情能否成功，最核心的问题是自己是否有能力。推而广之，我们做任何事情，如果不是从自身出发，不是依靠自己的力量，而是幻想依赖别人，依靠什么关系，那么基本上输定了！即便是偶然得到了某一次机会，由于内心里种下了依赖别人的基因，这一生也输定了！

人生的根本，在于自己打拼，在于自己具备实力。我以研究生招生为例，给大家把道理说清楚。

研究生分为初试和复试两个环节。初试的成绩和名次决定了能否进复试，那么决定初试成绩的只有自己的努力，功夫下到了，理解到位，考试的成绩就不会出问题。反之，自己根本没有把功夫下到家，没有真正用心、用力，只幻想着偶然和机遇，那基本上是梦幻泡影。

初试成绩通过之后，进入复试环节。所谓的复试，主要包括笔试和面试两个环节。在笔试的问题上，别人谁也帮不了忙，那就看你是否精心准备，是否有足够的积累。面试时几个老师一起参加，很多人容易产生找个关系之类的想法，实际上每一个老师都会欣赏优秀的人，面对一个非常出色的学生，大家都会尽力想办法予以录取。因为将优质的教育资源留给优秀的学生，这是教育的责任！如果考生精心准备，该读的书都认真阅读，并且有深刻的体会，回答老师问题时自信满满，对答如流，得到老师的欣赏和认可，面试的成绩就会很突出！反之，不精心准备，该读的书不读，表现得不好，对导师的学术研究也不了解，那么，谁会录取这样的学生？

所以，奉劝那些老是希望将命运寄托在外在人脉上的人，希望依赖什么人就可以得到机会的人，请你一定要清醒：这个世界最真实的规则就是"天行健，君子当自强不息"！天下最可靠的事，就是你通过努力成为优秀的人！人一生当然要从别人那里得到帮助和指点，但最根本的是提高自己的实力，让自己各方面优秀，如德行、见解、格局、智慧、表达能力、书写能力等。当自己真正优秀的时候，就是面对所有机遇最保险的时刻。

对那些拥有机会而不懂得好好珍惜、不懂得下大功夫去精心准备、不懂得研究这个机会而未雨绸缪的人，失去机会恐怕也是必然的。而失去之后，找这个人、那个人拉关系求助，心力交瘁，备受折磨，浪费钱财，早干吗去了呢？

请年轻的朋友听听我的建议，一生都要把基点放在自己的奋斗上，天下最可靠的人是自己！天下最靠谱的事，是让自己出彩和优秀，自己的人生，务必要靠自己的奋斗，这就是"命自我立，福自己求"。任何对外部的迷信，都会给自己带来刻骨铭心的教训。

人性的局限，是我们人生最大的障碍吗？

人一生会遇到很多障碍，最大的障碍是人性的弱点。很多人都败在人生的局限上。

只要是人，就有各种弱点。几乎每一个人都喜欢被别人吹捧，喜欢攀比，喜欢虚荣，喜欢沉溺美色，喜欢享受，不愿意承认自己无知，不愿意接受批评，心胸狭窄等。正因为人性的弱点在，故当我们遇到障碍的时候，往往第一反应就是逃避责任，怨天尤人，抱怨环境，指责别人等。这恰恰是人性弱点的表现。

实际上，我们做事情出了问题，外部的因素不过是诱因，根本上还是自己的不足，是自己智慧和德行的缺失。有了这样的认识，我们要勇敢地承认自己的不足，敢于承认人性的弱点，并尽可能采取措施超越人性的弱点。所以孔子才说："君子求诸己，小人求诸人"，意思是君子遇到困难一定反思自己，而小人才会怨天尤人，孟子也说："事有不成，反求诸己。"

自卑的背后是什么？

有一个学生问我为何老是自卑？而且这个自卑尤其表现在和同事、同学交往的时候；但和领导、其他人交往的时候，不太觉得自卑。去看心理医生，被告知这是"交往恐惧症"。在我看来，实际上交往恐惧和自卑都是表象，真实的原因是隐藏在心里的虚荣和攀比之心。

一个人有强烈的虚荣和攀比之心时，面对别人的优秀，包括别人的家庭条件好、成绩好、长相好等，都会产生深深的自卑。如果一个人不太虚荣，别人如何优秀、家庭多好，自己多平凡，都没有多少关系，只管踏踏实实过好自己的生活，那么就不存在多少自卑了。

为什么对同事和同学尤其显得自卑呢？因为这些人和自己的利益直接相关，属于同等级，所以在攀比的时候格外自卑！相反，无论是领导还是和自己不太相关的人，与自己无关痛痒，没有攀比和虚荣的空间，所以相对不太自卑。

虚荣攀比的背后，也和自己没有认识到什么才是一个人真正自豪之处有关。一个真正有智慧的人，会把一个人的能力、德行等当作最值得赞叹的地方！而缺少智慧的人，则会看重家庭出身、长相等外在因素。当一个人知道了什么样的人才是真正值得尊重的人，他便不会太看重出身等外部条件，而是好好努力，提高自己的综合实力，用真才实学和德才兼备体现自己的魅力。

为什么说讨厌别人的背后往往是自私？

有一个读研究生的学生，告诉我非常讨厌他的同学，因为他干什么，同学就干什么，一直在模仿他，因而让他觉得很厌烦，并且询问我该怎么看待。

我对他说："你能成为别人的榜样，这是多值得赞叹的事情！"他则说："处处学我，考博士也学我，真是让人厌烦！"我明确地告诉他："如果我还有点优点的话，多希望亿万人学习，更希望亿万人超过我，如果那样，国家岂不是更好，人类社会岂不是更好！"这个同学听了马上有所觉悟：承认自己心胸狭窄，容不下同学的优秀。

其实，这个学生厌烦同学的心理背后，是一个人的自私和狭隘，是不希望别人比自己更优秀。所以当自己的优点或者规划被人看到之后，唯恐被人学到，感觉到不舒服。

如果一个人心量打开——此生就是为了帮助更多的人，那么，当别人学习自己或者超过自己的时候，不应该很高兴吗？因为帮助他人，本就是自己做人的目的。

自私必然导致心胸狭窄，必然放不下别人的优秀，容得下别人才能海阔天空。

为何我总是焦虑？

很多人跟我说起焦虑的问题。有一个高中生，在普通班学习，学习成绩很不错，后被调到学校的重点班，结果学霸云集，无论怎么努力，他的成绩都无法成为最好的那位，于是一下子心情焦虑起来，状态越来越不好。

我想不仅是高中生如此，在职场打拼的很多人也有这样的感受。面对同事的竞争、领导的要求、自己的晋升、生活的压力等，不免心情焦虑，甚至心神恍惚，不知道如何应对。

焦虑只是一种情绪的外化，焦虑的背后是一个人的现实和理想之间的落差。如何在现实的基础上合理地期待，这是应对焦虑问题的关键。

知人者智，自知者明，我们要有自知之明。知道自己的实力，知道自己擅长什么、短处是什么，在这个基础上合理制定目标，这样既能积极地面对人生，又不为难自己。

人人各有机缘，各有天分！在制定目标的时候，我们不是和别人比较，而是和自己比较，是在评估自己的基础上合理地制定自我奋斗目标，不断提升自己。对于别人的优秀，我们欣赏，我们赞叹，我们学习。

当我们制定了合理的奋斗目标后，就不会因为妄求而心力交瘁，当我们更多关注自己，不断提高时，就不会因为别人的优秀而感到压迫和紧张了。

做好自己，每天进步，开开心心，这才是人生的常态！

为什么说不经历绝境，不是真正的人生？

近些年，看到一些自杀的案例，不仅给亲人带来很大的痛苦，也让大家觉得特别惋惜。尽管每一个自杀者的具体情况不一样，但大都是觉得无路可走而做出的选择。这不得不让我们反思生命的教育：我们是否教给孩子迎接人生所有考验的能力和准备？

案例一：有一个孩子，刚考上大学，接到一则诈骗信息，结果父母辛辛苦苦凑齐的学费被骗走，孩子无法接受，最终在18岁的年纪离开世界。

案例二：还有一个孩子，已经上了大学，马上面临毕业，由于使用"热得快"导致宿舍失火，被学校处分，不能拿到学位，此后一直说"一切不是想要的样子"，后在宿舍自缢身亡。

案例三：这个孩子已经读了研究生，由于论文撰写不顺利，多次修改未能通过而延期，最后选择跳楼自杀。

诸如此类的案例，每年都有一些，无不让人痛惜难过。其实，这些考验根本不算什么，可当事人偏偏选择了自杀作为逃避的方式，这不由得让我们反省：为了减少悲剧，拯救更多的孩子和家庭，我们务必让每一个孩子接受必要的生命教育，无论任何的考验，任何的风雨，都能勇敢地前行，过好一生，承担生命赋予的责任。

选择自杀，不管具体的情况如何，总是当事人看来现实无路可走，或者现实不是自己想要的样子而加以逃避。为了避免悲剧重演，特别需要我们总结的有以下几点：

其一，什么是人生的常态？我们老说心想事成，事实上一个人遇到什么、经历什么，并非我们所决定，在大千宇宙、茫茫人海之中，经历什么、遇到什么，我们总是有很多期待，可现实往往不是自己所期待的样子。我们能做的，就是不管经历什么，都能够心平气和地接受和应对；无论生命遭遇什么，都能想出办法去迎接挑战。

曾有一个学佛的人，学佛之后抱怨生活却变得不顺利了，难免沮丧和失落。我告诉他："你为何学佛？是为了从中捞取好处吗？如果这样想，对不起，根本违背了学习佛法的本意！学佛的根本是为了学习圣贤为大众肝脑涂地服务的精神，是为了学习圣贤高远的智慧和境界，是为了超越'小我'成就'大我'的格局和情怀。如果自己学佛的心态对了，目的对了，遇到困难和不如意，恰恰是对自己的历练。"

需要提醒的是，前面种了"因"，后面才有"果"。很多人出了结果才哭天喊地，实则悔之晚矣！有智慧的人应该在"因"那个地方加以防范，这样才能避免自己不想要的"果"。反过来，如果在"因"这里不加以注意，一旦出了"果"而恐惧万分，又有什么意义呢？如果已经处处小心谨慎，结果还是事与愿违，那就要勇敢地面对。永远记住，生命的常态不是自己期待什么就有什么，无论生命遭遇到什么，都要能够正视问题，接受挑战，不断前行！有了这样的觉悟，就没有什么顺境逆境，无论遇到什么，都是生命的一部分，只管正视问题、解决问题而已。

其二，一个人接受挫败的能力有多大，也决定了他的生命能够接受多大的考验。为什么一些人在经历一些并非多严峻的考验时就选择自杀呢？很大程度上是因为没有受过承受挫折的教育。一个人，如果能够多经受一些生命中的挫折和考验，就不会在遭遇骗子、论文撰写压力大或就业压力大等情况下选择自杀。

人的一生，一定要经历人生的挫折，才能真正长大并变得坚强。当最不想失去的东西失去了、最想要的东西得不到、最不愿面对的事情恰恰来到自己面前，自己仍能够坚强从容，冷静地处理妥当，赢得人生的大考，这是一种宝贵的经历和成就。如果一个人缺少了承受强烈挫折的人生大考，不仅人生不够完整，更容易在遇到强烈挫败时走向歧途。

人生，只有不惧怕挫折，能接受挫折的考验，在较大的压力面前能立定人生的真意义，这样的人生才无比的壮美和伟大！

人生的意义何在？就在于经历一切考验后永不失为大众服务的初心！在这个过程中，一个人如果真正的无私，就无所谓什么挫败和绝望！正是在经历所有风雨的过程中，才能长成参天大树，为他人提供绿荫和果实！

愿所有的孩子都能够健康成长，在风雨中长大，在挫败中坚强，在奉献中忘我，在利他中闪光，真正活出一个无比坚强、壮阔和博大的人生。

怎样正确地看待欲望？

每一个人都有欲望，这是无法回避的现实。人生的欲望，有物质欲、地位欲、名分欲、生理欲等。喜欢更好的生活和享受，这是物质欲；喜欢前呼后拥，被人鞍前马后，这是权力地位欲；喜欢被别人称作教授、一级演员等各种头衔，这是名分欲；对于饮食男女的欲罢不能，这是生理欲……诸如此类，欲海难平。

当人们熙熙攘攘为满足这些欲望而奋斗挣扎的时候，殊不知我们已经成了欲望的奴隶。

物质、地位、名分等，确是身外之物，在满足基本的需求后，其意义不大。很多人看似风光，其实被浮名所累，而且身体需要的物质很有限，如果超出需要，就是自损福报，最终引发疾病。高血压、脂肪肝、心血管病等都是例证。

对于身体的欲望，不仅需要智慧的超脱，也需要实际修行。只有真正实现身心转化，才能云淡风轻。

对于欲望，单凭压抑是行不通的，承认欲望的客观存在，更要通过智慧和规矩来约束自身修为。多做有意义的事，当把精力放在有意义的事情上时，做违背伦理事情的机会自然减少。

人固然需要奋斗，但奋斗的意义是什么？人生不是"小我"的肆意挥霍，也不是为了吃喝玩乐，而是如何从"小我"升华为"大我"，如何在各种历练中不断净化自己，这是人生的方向！

奋斗不是简单的欲望满足，更何况欲海难填。当人们看穿名缰利锁之后，才能活出生命的真正意义。此谓：不畏浮云遮望眼，只缘身在最高层。人生的意义，不是做欲望的奴隶，而是在服务众生的过程中成全自己的人格，这才是生命的真正意义。这也是惠能大师的话："佛法在世间，不离世间觉。"真正的觉悟者，并不是逃避到人迹罕至的地方，恰恰是在万丈红尘之中，在为大众服务的时候，成就自己！

烦恼从哪里来？

导致人生烦恼的原因很多，今天只谈其一。我们做任何事情，都带着自己的期待和愿景，当现实和自己的期待不一致的时候，就会感觉失落、痛苦、急躁、怨恨等。这就是人们常说的"有妄求皆苦"。可以说，不恰当的期待，是人痛苦的根源之一。那么，怎么调适自己的心情呢？

为人处世，都要明白众缘和合才可以做好，否则任何一个条件不具备，都可能功亏一篑，全盘皆输。因此，做事，要会看机缘，看条件，看事物发展的态势，做到因势利导，顺势而为，而绝不可痴心妄想，更不可逆潮流而动。很多人，做事不看客观环境，不分析现实条件，一味自以为是，结果必然面对现实和愿景之间的落差。

就人的方面说，越是有能力、越自信的人越容易沉陷在自我编制的光环里，自己被自己陶醉，很难听得进别人的建议，刚愎自用，最后只能是四面楚歌。

因此，一个人的实力和愿望要匹配，一个能力平平的人，切不可老是抱有超出自己能力范围很多的幻想；一个人一定要有自知之明，自己的长处和弱点，清清楚楚，做事情要有正确的期待，这样才可避免因为脱离实际的狂妄而带来的痛苦；对于客观环境，必须有全面的了解，这样才可从实际出发。

简言之，正确全面地认识自己和环境，才能减少不必要的妄想，做事落在实处，一步一个脚印，踏实前行。青年人有勇气值得鼓励，但更要有脚踏实地的冷静和清醒。

"善护念"有什么作用？

所谓的修炼自己，某种程度上就是在修心，修心的重要方法，就是"善护念"，一定要在每一个念头产生的时候观察自己，能够灵灵觉知。

自己能够把握自己的念头格外重要，否则，就会成为情绪的奴隶。情绪就像斗牛士的红布，而容易生气的自己则像一头气冲冲的斗牛，被人操纵，不是很可笑吗？

读圣贤书，方知道护持自己心念的重要性。一个人有什么样的发心和初心，对于人生有重要的导向。一个人的起心动念是"开端"，一旦有了这个开端，就会引发与之有关的"果"和行为。如一个人特别想结婚、想找男女朋友，那么，恋爱的缘分就容易来到自己身边；一个人内心想"贪"，贪腐行为难免就会发生。很简单的道理，内心一旦想这件事，就会留意，就容易找到"机会"。所谓"吸引力法则"的秘密就在于此。因此，念头格外重要，务必要在起心动念的地方观察自己。

一个人对自己的起心动念观察得细致，很多不好的念头，念起即觉，从而在心念启动的地方管好自己，那是真真切切的修炼。

为什么心灵的丰盈是幸福的重要支撑？

人的幸福感，除了来自外在的物质等因素，最重要的源自自己的智慧和境界，是发自内心的自足和欣慰，表现为不为杂音所扰的定力。一句话，高远的心灵才能够感受和拥有幸福。

幸福的人生需要正确的价值取向，合理的期望，在多种选择面前能够正确地选择和决断，在做事的时候，能看清前因后果，不急不躁，做好当下和本分，遇事反求诸己等。我们常说人生是一场修行，实际上就是处处反思自己人性的弱点，不断地改进自己。很多外在的问题，其实根都在自身。

如果心灵没有感受和创造幸福的能力，即使有再好的物质条件，也会心情痛苦。除了物质条件之外，更重要的是拥有一颗感受幸福的心！

为什么说爱美，要从美化自己的心灵开始？

一个人的修养，各种心理活动，都体现在脸上。这就是大家常说的相由心生、命随相走。一颗柔软的心、慈悲的心、利他的心、博大的心、清净的心、正直的心，都会显现在脸上。反之，苦大仇深的心，也必然有眉头紧锁的脸。

有一颗利他的心，在待人接物的时候，诚恳而自然，热忱而真诚，利他而随缘，让人心里感到受尊重，感到温暖和温馨。否则，心里带着成见，疙疙瘩瘩，缺少对他人的友好，马上就会被人感觉到。若怀有一颗斤斤计较的心、愤愤不平的心，不仅待人接物让人不舒服，而且会错失很多善缘，发展也会越来越有障碍，人生的路就会越走越窄。

让心灵更美，才能展现出更好的气质！所有爱美的人，不妨从美化自己的心灵开始。

孔子为什么反感能说会道的人？

夫子曾说"巧言令色，鲜矣仁"，翻译成大家理解的话，意思就是能说会道的人，没几个是好人。一般人对这句话会感到困惑，能说会道，难道不是一个人的优点吗？既然圣人这么说，必然有他的道理，仔细深究，觉得夫子用心良苦。我是教育工作者，坦率地说需要较好的表达能力，但夫子的警示，言犹在耳，恐怕我们需要警惕能说会道带来的问题。

古人特别强调知行合一，实际上告诫我们不要空谈，否则嘴上夸夸其谈，做事的能力却很差，实际的修为跟不上，最终贻误终生。而且夸夸其谈的人，不仅容易傲慢，而且不懂得倾听，这是不可忽视的大毛病。我曾经和不少能说会道的人聊天，发现对方夸夸其谈，即便是已经发现他的问题，很想给他提一点看法，可根本没有机会。对方一直表达自己，也许是平时的惯性和习气，也许是表现的欲望，总之没有和他对话的机会。由此，我非常警惕自省，自己是否也有这个毛病？再想起夫子的话：能说会道的人，没几个好人，忽觉得凛然有所醒。

当然，表达能力比较好，这固然是优点，但切不可自以为是，不可不懂倾听，不可夸夸其谈听不进别人的意见，更不可仗着自己表达能力好而在语言上压服别人，这就是德行上的亏欠。我们看一个人，表达能力重要，知行合一更重要，否则说得头头是道，一旦做起事来，一事无成，不是让人扼腕叹息吗？更重要的是，修行不是给人看的，而是要不断地提高自己。一旦面临真实的考验时，夸夸其谈，有用吗？

以上的话，用于自省，希望大家都要引以为戒。

为什么说平凡的人生，一样值得我们尊重？

很多人都希望自己飞黄腾达，都希望自己的孩子出人头地，但理想很丰满，现实很骨感。更重要的是我们要明白人生的常态，只要能做到人生的常态，我们都是值得尊敬的人。

不管是否有波澜壮阔的人生，人活一世最基本的是，不可害人。无论和谁打交道，都不要危害别人，这是做人的底线。当然，在这个基础上，能够利益社会、利益他人，更值得赞叹。

人活一世，不是和人攀比，而是为自己而活。人的一生，根本上是自己为自己负责，自己实现自己的理想，而自己的生命如何发展和强大，根本还是在于自己。至于别人多优秀，那是别人的事。各人有各人的生命轨迹，各人有各人的生命状态。彼此不要相互嘲笑。当然，一个人生活在世间，能够不嫉妒、不攀比，淡定从容，那需要极大的智慧和定力！

人活一世，找一个发挥作用的点，踏踏实实地奉献自己，服务社会，证明自己，这是非常值得肯定的。不是任何人都可以运筹帷幄，不是任何人都居于庙堂之高，绝大多数人是在无数平凡的岗位上工作、生活，如种田、做清洁工、做保安、做餐饮、做普通的老师、做普通的公务员等，都非常伟大，值得尊重。

上面所讲，是一个人生活在世间的底线，只要不危害别人和社会，能够有一个机会立足，做一份工，养活自己，证明自己，就特别值得尊敬。当然，在这个基础上，有大志气、大能力，做利国利民的大事业，那更是努力的方向，只是不可强求一致。

为什么说"有什么心,就有什么世界"?

人的一颗心,如果承载了使命和责任,开启了智慧和远见,就会珍惜时间,做好该做的事,对家庭负责,对父母尽孝,对国家尽忠,对工作兢兢业业。反之,如果一个人活在世上,空荡荡的心灵中,没有对人生的远见,没有对国家的担当,没有对家庭的责任,只有没事找事,甚至只有在惊险刺激中打发无聊的人生,实在无益。

所以,人活在世界上,务必想清楚此生究竟要干什么,要如何让自己的人生真正有意义,让自己这一生对家庭、对国家、对他人都有正面的价值,否则在无聊中玩刺激,浪费了自己的人生,于己、于人、于国、于家,都有亏欠。

外在的生活处境,某种程度上是心灵状态的显现。当我们遭遇各种人生困境的时候,是否想过:生活中遇到的很多障碍,恰恰是我们自身问题的折射?

为什么说不要轻言大德?

在某些授课场合,有人轻易就说出"大德老师"这样的话,作为一个普通人,我觉得决不可轻言"大德"这样的称呼。

从历史上看,大德就是那种特别有智慧和修为,同时知行合一的人。而且大德都是因为个人的修为到了一定高度之后历史给予的定位,绝不是人为吹捧的结果。

人要有自知之明。真正有修为的人言行一致,谦卑谨慎,会经常反省自己,绝不会吹捧自己。好比说这个房子是黑暗的,有修为的人点亮了道心这一盏灯,就能够照到这个房子里面的角落,哪里还有一双袜子没有收起来,哪里有双鞋垫,哪个地方还有垃圾等。因此,越有修为的人,越谦卑随和。

就我个人的体会，越是阅读圣贤经典，经历体会越多，越会发现自己是最平凡的人，是最普通的劳动人民，有很多的缺点需要改进。能胜任一个普通的老师，传播优秀文化，造福社会，知行合一，就已经特别了不起了。

沉迷手机的危害是什么？

今天的网络时代，人们养成了低头看手机的习惯。在网络上，我们所接受的多是各种碎片化的信息，各种猜测、各种结论、各种分析、各种辟谣，诸如此类。所造成的后果，一方面是收集到了很多信息，但手机提供给我们资讯的时候，并不能告诉我们对错以及如何取舍；可另一方面，我们很难看进去系统的、逻辑性强的、思想深刻的内容，养成了期待立即见到答案的功利心，而不善于思考和辨别。更需要引起注意的是，我们的定力被肢解。一个没有定力的人，恐怕什么事情也做不好。更让人担忧的是社会养成了一种急不可耐的戾气，没有智慧的定力，多的是怨天尤人，稍不如意，就拂袖而去，甚至暴跳如雷。

如果社会上弥漫着急不可耐的暴躁和戾气，一不如己所愿就激烈对抗，各种冲突必然增加。如果一个人没有定力，没有看待不同意见的宽容和尊重，遇到不同看法就恼羞成怒，必然让人生添了很多的波折甚至灾难。

我们是否要反思今天的环境？既要利用网络和网络带来的便利，又要反思短、平、快环境带来的积弊，做一个面对各种信息有独立思考和理性判断的人，遇到不同看法能够互相宽容和尊重的人，面临考验能保持冷静和理性的人。

在纷繁的信息"大海"中，我们如何选择信息？

我们在抱怨现代资讯发达、各种垃圾资讯充斥媒体的时候，也要反思自己是否培养了判断和选择的能力。既然时代不由我们选择，我们就要从改变自己下手。

作为学习者，要有提取干货的能力，而不是被光怪陆离的表象所迷惑，要有提炼智慧的能力。听一堂课，看一个资讯，不光是为了一些所谓搞笑的段子，不是为了一时的所谓"效果"，而是看这堂课或者这个资讯能否让自己受益，能否回答自己人生发展中遇到的困惑和问题，能否让自己有实质的提高。我在各地和学生交流的时候，发现很多人被各种资讯误导，缺少真正辨别优质资讯的能力。在面对各种讲座的时候，不懂得聆听真正让自己终生受益的课程，真是太可惜了。

何为自我修炼？

中华文化语境中的自我修炼，实为明"明德"，即擦亮心中的德性和良知。这个"明德"，儒家称为"良知"，道家称为"真心"，佛家称为"佛性"。很多人总是被"小我"所困，看什么事情，做什么事情，都是带着一个"小我"。有人问我修为好的人是什么状态？我说不妨请大家看看太阳，无私地燃烧自己、照亮别人，无论对贤与不贤的人，都是阳光普照，绝无二样，这就是具有大修为人的状态。

一个人真正去掉了"小我"的执着，才能领会宇宙是吾心，吾心是宇宙，才能真正体会并践行孟子所言的境界：老吾老以及人之老，幼吾幼以及人之幼。

人生的很多痛苦，也是因为有个"小我"在，大家都带着各自的"小我"看世界，结果不同的"小我"在冲突，看到符合"小我"的则喜，看到不符合"小我"的则苦恼，如此心意扰扰，皆因"小我"在。

当一个人真正去掉了对"小我"的执着，则内心如阳光一样普照，这个时候你看世界是众生平等的，你才会真正放下个人得失，为众生的福祉而披肝沥胆。这也是药山大师形容的境界：高高山顶立（站得高远），深深海底行（为人民服务）。

为什么人要锻炼自己的承受力？

宇宙有守恒定律，人生也一样：此生能经历多大的考验，能吃多大的苦，才会有多大的成就。周恩来发动南昌起义的时候，自己没有一兵一卒，共产国际发来一封电报，上面写着去发动南昌起义，也就是说让周恩来去组织领导南昌起义。在当时万分危急的情况下，周恩来把各种可能的后果都作了判断：如果真去发动南昌起义，就得策动贺龙等人参加起义，万一策动失败了，周恩来很可能人头落地。即便是南昌起义成功了，前途也是荆棘密布，九死一生。周恩来把这些后果都想清楚了，毅然决然去南昌发动起义。什么都想清楚了，知道了自己的使命和责任，义无反顾地去做，这才是大丈夫！

没有千锤百炼，不会锻造出一个真正的英雄。当前很多年轻人容易浮躁，急于求成。但因为年轻，往往提拔得不快，机会不多，这正好磨炼一个人的心志。我的博士后导师叫张岂之，张先生是1927年出生，1946年考入北京大学，很多民国的大学者都给他上过课。我听张先生讲过一件事情："文化大革命"之前搞社教的时候，张岂之先生被安排到泾水和渭水的河边给农民剥花生。他坦诚当时内心里很痛苦，他一辈子做中国哲学，就是想为中华文化的研究作贡献。但是当时没有读书的条件，也不让读书。剥花生的时候，张先生心里面一直在挣扎，想干的事情却没法去做，心里很痛苦。这个时候他突然想起了孟子的话：天将降大任于斯人也，必先苦其心志，劳其筋骨，饿其体肤。空乏其身，行拂乱其所为。剥花生不就是劳其筋骨吗？吃不饱饭，是饿其体肤，想读书没有机会，这就是行拂乱其所为，最后心志得到磨炼，动心忍性，增益其所不能。想到这些，张先生升起无穷的勇气，再剥花生的时候，感受和此前大不相同。

孟子的话很多人从小都会背，但却没有领会这句话的重要意义。很多时候，圣贤的经典只有结合人生的阅历才能体会深刻。人生经历多大的磨炼，就能做多大的事，尤其是年轻人，当自己不顺利的时候，要从中得到成长，不急不躁，反思才会进步。

叶挺将军的例子，也值得我们反思和学习。在皖南事变的时候，叶将军被蒋介石抓了，关在江西上饶集中营。蒋介石派人劝降叶挺：跟我干吧，保你荣华富贵。叶挺就告诉蒋介石派来的人，我叶挺从搞革命的那一天起，就没有想过要活着走出革命的队伍。这个话传给蒋介石的时候，据说蒋介石仰天一叹，他说不必再劝了。我读到这段历史，心生敬佩：叶挺真是一个大将军！

很多人刀架在脖子上的时候，腿都软了，所以历史上有那么多的汉奸、叛徒。人有多大的胆量，就有多大的承受力；能经历多大的磨难，就能做成多大的事。人这一辈子经过磨炼以后，才懂得什么是宠辱不惊。即便是突然遇到一个提拔的机会，或者突然受到一个打击，都没有关系，这叫淡定从容。遇到考验了，永远不会萎靡不振；遇到好的机会了，绝对不会飘飘然，这才是境界。

承载力的大小和天生的素养固然有关，但更多是一个人自觉训练的结果。在经历中成长，在打压中坚强，在磨难中前进，在坎坷中自强，在逆境中搏击，正是在这个过程中，心胸越来越大，格局越来越大，承载力越来越大，肩膀也越来越能承担责任。

为什么说"我不喜欢"会带来自我封闭的倾向？

很多人在听别人说话的时候，遇到和自己观点不一致的情况时，通常有"我不喜欢"的感受，殊不知当"不喜欢"这三个字出现的时候，我们已经封闭了自己不断发展的通道，走向了自我封闭和僵化的下坡路。

一般而言，我们听到自己认同和赞许的东西，容易说"我喜欢"，也容易津津有味地听下去；实际上在这个状态里我们得到的是自我强化，并没有拓宽我们的认知格局。反之，当我们听到一些与我们认知不一致的观点时，觉得刺耳，不太愿意接受，容易产生"不喜欢"的感觉。可是，这种与我们认知不一致的观点，往往会突破我们认知的天花板，能够让我们看到自己的不足，从而开阔胸怀，拓宽思路，让自己有更好的提高。

因此，当我们感觉别人的意见自己"不喜欢"时，不要逃避，更不要打压，而是听听这种让自己不喜欢的观点是否有道理？是否切中了自己的问题所在？如果是，正好借此完善提高自己。敞开胸怀，有则改之，无则加勉，这是心胸宽广者该有的境界！

什么是真正的"自信"？

很多人欣赏自信的人，也希望自己拥有自信，那么，什么是自信？如何才能拥有自信？

自信，不是装模作样，自己骗自己，不是大呼小叫"我自信"就真的"自信"了。

自信，倒过来就是信自己，真正把人生的支点放在自己身上。自信的背后是真正的实力，是健康的心智，是自己值得自己相信。一个人真正拥有智慧和德行，带给他的这种力量和信任感，就是真正的自信。自信让我们能够在面对问题和挑战的时候，正确地分析和决策，能够让自己的大脑通达和睿智。否则，一个稀里糊涂的人，没有任何主见的人，一旦遇到事情，就惊慌失措而进退失据，如何自信？

想成为自信的人，那就要先好好地提升自己，什么都看得明白，遇到事情知道该怎么做，这才有资格自信。否则，一切心灵鸡汤的安慰和毫无内容的语言幻觉，都不会让自己自信，如果有，也不过是一时的自我麻痹，真正遇到人生考验的时候，会立马现出原形。

自信的基础是自强，是遇到任何问题和困难都能直面应对的勇敢；自信的人一定是智慧的人，他无论遇到任何挑战，都能气定神闲，都能看穿表象、直指本质、鞭辟入里、从容应对。自信的人，一定是有德行和胸怀的人，无论位于何种处境，都知道拿捏尺度，知道如何做一个让人尊重的人；面对别人的优秀，能够海纳百川，成人之美，尊重包容。

如果想做一个自信的人，那就好好地提高自己，自己值得自己相信！而不是一旦遇到问题，就哭天抢地，怨天尤人。自信也绝不是自负，那种自以为是的自负，只不过是心胸狭窄、刚愎自用的浅陋和无知！真正的自信，是像天空一样的辽阔，能够欣赏任何优秀，而且与人为善，待人宽容。

提高自己，觉悟人生，才有自信的资本，才能做一个真正自信的人。

人性的两个层面是什么？

看人性，有两个层面：从现实的层面看，人性之中既有积极向上的力量，也有沉溺向下的力量。当人性之中积极向上的力量得到启发，一个人就能够做出让大家钦佩的善举；让人性的弱点得以释放，违法犯罪就难以避免。我们必须认识到人性的复杂，不能把人性简单化。

从理想的层面看，我们尽可能开启人性之中积极向上的部分，弱化和减少人性的弱点，这是我们努力的方向。从理想的角度看，我们总希望人性完美，总希望真善美充满人间。而现实中，欺骗、自私、愚昧、狡诈、谎言等，也是无处不在。我们不能因为人性的复杂而忽视了引导人性不断净化的责任，也不能因为相信人性的美好而丧失对善恶美丑的辨别能力。

我们要看到人性的现实，宽容地看世界，理解人生的复杂，不要以为自己就是圣贤，求全责备，发现别人一点弱点就以偏概全。同时也要理想地看人生，不断地超越和自我升华，做一个道德高尚的人，这是人生修炼必走的方向。

为什么心灵是我们最宝贵的财富？

一个人最宝贵的是什么？一个民族最珍贵的是什么？这是务必要搞清楚的问题。

很多人重视金钱，实则物质财富是身外之物，一个人最宝贵的是心灵，只有自己的心灵美好，正直、智慧、上进，人生才会阳光明媚，才能赚取物质财富；当整个社会都重视经济增长的时候，要清醒认识到一个民族最珍贵的是文化，只要我们的文化还在，我们的心灵家园就不会失去，我们才有迎接各种风雨考验的智慧。只要我们有伟大的文化，千金散尽还复来。

对于一个人而言，没有厚重的德行，就没有办法承载人生的财富、地位和荣誉，德不配位，必有灾殃。

对于一个国家而言，没有伟大的文化，就没有支撑国家持久繁荣的智慧之源。

在中华民族复兴的大背景下，我们要注重人们的心灵建设，大力弘扬中华文化，只有伟大的心灵和伟大的文化才能确保中华民族欣欣向荣。

为什么人生要学会反观自己？

很多人喜欢做手电筒，习惯用光束照别人，不会反照自己。谈别人的毛病，头头是道，劝导别人时，天花乱坠，其实自己呢？

我读曾子的话：吾日三省吾身，很受震撼，反观自身，觉得自己有很多缺点，需要不断地完善自己。人，要有承认自己缺点的勇气，有真诚改进的决心，虽然有的时候会有反复，但只要道心坚定，纵有暂时的反复，依然会不断前行。

所以，我们不仅要做手电筒，照亮别人，更要做灯笼，内外通透。学习中国传统文化的人，切不要自负，不要觉得自己了不起，读了圣贤书，仿佛高人一等，这是很可怜幼稚的行为。读了圣贤书，不代表自己就真能理解，更谈不上做到。正因为读了圣贤书，才要更多地去内省和倾听，对别人有更多的尊重和理解。反之，那种好为人师的狂妄之徒最终会遭到现实的嘲讽。修为高的人，会更谦卑，因为他站在高处，看到了更远的山峰；经历自我征服的人，会更加宽容和柔和，因为他知道现实的人性和自我超越的不易。

人性到底是什么？

人性是什么？我们可以去看一本书：《尚书》。《尚书》是记载夏、商、周重大历史事迹和政治决策的文献，其中有一篇文章是《大禹谟》，其中说"人心惟危，道心惟微"，这是对人性最全面的理解和判断。

所谓"人心"，是指人性之中的弱点，包括自私、贪心、过度的欲望、虚荣、攀比等；人一生遭遇的很多困难，有很多都是自己的弱点招致的。所谓苍蝇不叮无缝的蛋，意味着正是因为自己弱点的存在，招致了别人的陷害和算计。由此来看，自然"人心惟危"。

所谓"道心"，就是人性之中积极向上的力量，表现为慈悲、仁爱、清净、正义、奉献、宽容等。正是"道心"的存在，人们才创造了无数伟大的文明。可是在现实中，很多人明明知道有些事情不该做，却控制不住自己，这就是"道心惟微"。

由此观之，我们说人性恶或者善，都是片面的，真实的状态是人性很复杂，不能简单地以善恶作为评价。我们常说教育的责任，其实就是不断地将"道心"发扬光大，同时不断地弱化和减少"人心"，这也是我们每一个人提高自己修为的方向。如果一个人的"道心"完全呈现，"人心"

消弭,那就是孔子所说的境界——"从心所欲不逾矩"。

我们如何避免生命中的各种消耗?

问大家一个问题:有多少人能够全心全意、集中精力做有意义的事呢?现实中有不少人都是在各种意义不大的消耗中让时光流逝,从而空留遗憾。

一生的时光很短暂,在人生过程中或许不易觉察,可当人生走到尽头的时候,浪花淘尽,英雄迟暮,碌碌无为,悔之晚矣。面对人际间的各种应酬、各种错综复杂的力量之间的牵扯,人们往往分散了很多精力,造成了各种无意义的消耗,最后即便是想做事的人也只能空留遗憾了。

有感于各种消耗带来的遗憾,希望领导者在组织运作上能够着力,优化组织的建构与运作机制,提高执行力和效率,尽可能减少各种没必要的内部消耗。从个人的角度,不畏浮云遮望眼,一定要明确自己最该做的事是什么,紧紧围绕自己的主轴工作,不管多少干扰,不仅不忘初心,而且能制心一处,集中心志,努力做一些利国利民的事。否则,一直迷失在各种消耗之中,一旦夕阳西下,只能枯藤老树昏鸦,岂不悲凉?

要学会屏蔽人生的枝枝叉叉,沿着主干不断成长,才能看到更美的蓝天和更灿烂的太阳。

为什么修行要心无旁骛?

禅学经典《金刚经》说"心能转物,则见如来"。这告诉我们一个人真正的主人是自己,是自己做好自己,观照自己,把握自己,而不是因为外在环境的变化而迷失自己。

现在大家最容易说的话就是"大环境如何如何，我也没办法"，"社会都浮躁，自己也不免急功近利"等，诸如此类为自己开脱，实际上这就是心被境转，为自己的懈怠和放逸找借口。

自己如果不能做心灵的主人，道听途说，人云亦云，结果只能是随波逐流，蹉跎岁月，怨天尤人。

真正的大智大勇者，大都是面对外部环境，有清醒的认知，知道自己该怎么取舍，而不是浑浑噩噩。所以孔子说"岁寒，然后知松柏之后凋也"，又说"君子之德风，小人之德草，草上之风必偃"。很多普通人并没有自己的清晰见解，没有自己坚定的认识，也没有自己的方向，随风摇摆；而君子则是自己做自己的主，自己就是风向标，以自己的德行和智慧引导社会风气，塑造人们美好的心灵世界。

为什么真正平凡的是自己，而不是岗位？

很多人抱怨自己平凡，又不甘于平凡，从而生出无穷的烦恼。人生敢于奋斗，值得鼓励，但如果好大喜功，非要出人头地，则是一大弊病。

平凡与不平凡，不在于岗位和权力，而在于这个人做了什么事情。任何平凡的岗位，都可以有不平凡的人生，任何平凡的工作，如果做到极致，也都会不平凡。

大家看历史，真正在历史的长河中名垂青史的人物，不是因为他的位置显赫，而在于他的一生做了什么。无论是哪一个岗位，只要自己踏踏实实地努力，尽可能把工作做到极致，都是我们学习的典范。在生活中，我们不能决定我们的位置是否显赫，但我们可以决定做事情的态度。

请每一个年轻人都不要自暴自弃，更不可妄自菲薄。没有一个人在没有经过大的历练时就位高权重，雷锋、王进喜等模范人物，都在平凡的岗位上，可就是因为有一颗踏踏实实奉献大众的心，认真地做好自己的本分，才成就了伟大的人生。

任何平凡的岗位，当我们做到极致，就成了社会的典范。

人生应该有几种"心"？

《金刚经》上说"降伏其心"，一个人的"心"是什么状态，人生就是什么状态。人生的秘密就在于"心法"。

一个人要有几种"心"：

一种是使命心。人活一生，无论是于国于民，还是报答父母，抑或是不辜负人生年华，我们都应该好好努力，不管事业大小，总是要对人生有所交代。

一种是反思的心。我们都是有各种弱点的人，切不要自视甚高，更不要刚愎自用，而要三省吾身，见贤思齐。

一个是学习的心。面对各种缘分，一定要海纳百川，善于倾听和学习，自觉与时俱进。

一个是圆融中道的心。做事的时候要知道做事不是单凭自己的雄心壮志就可以成功，任何事情都是需要集聚各种条件，所以要从容不迫、心无旁骛、沉着冷静、不疾不徐。

有了这些心，人生就会更有意义，遇到问题会反思，追随时代的脚步，不断学习。遇到考验，能够勇于接受挑战，善于学习。不浮躁，不急功近利，但行好事，莫问前程。

如何在竞争中脱颖而出？

在一个快节奏的社会里，大家都在急奔，人与人之间的虚荣攀比也让人心力交瘁，很多人压力空前加大，甚至身心健康都出现问题。很多人想脱颖而出，而问题的关键是如何才能做到脱颖而出：

其一，制定目标要力所能及，不要和自己过不去，有多大能力做多大事。老百姓说，有多大的碗，吃多少的饭，非常有道理。

其二，对优秀的人不要嫉妒，更不要怨恨。上天让你遇到一个优秀的人是对自己的眷顾，是自己学习的绝好机会。一句话，优秀的人是我们学习的好机会，嫉妒怨恨别人不会影响别人的优秀，反而让自己越来越愚笨。

其三，做任何事情都是众缘和合，任何一个条件不具备，事情都做不成，我们不能操控所有条件，只能但行好事，莫问前程；尽人事，顺天命。

其四，人生重在修心，怎么制定方向，怎么预见困难，怎么迎接各种挑战等，都与自己心灵的智慧有关。有一颗什么样的心，就有什么样的人生状态。养心就是养自己的人生，要经常性地注重心性的修炼和提升。

其五，世界上没有单枪匹马的人生，一定要与人为善，广结善缘，所有的机会都和人缘有关。大家一起努力，才能成就一番事业。

其六，所有的福报都来自奉献。多想着怎么给人帮助，怎样才能为社会服好务——正是为别人多服务，人生才有更多的机会，才能赢得别人的尊重。

其七，务必学习安身立命的真本事，古语说"良田千顷不如一技在身"，一个人只有具备解决问题的真本事，才能让人尊重，赢得机会。

为什么不要做生命的泡沫?

大家观察大河的水流,经过各种险滩、障碍的时候,不免激起水花和泡沫。当我们常被浪花、泡沫吸引的时候,可知道旋生旋灭泡沫下的水流才是长流不息的主旋律?

人类社会的百转千回,如同大河流淌,既有深层的水流,也有浮在表面的五颜六色的泡沫。很多所谓政治的"多彩花环",欢舞歌场的灯红酒绿,不过是随水流而去的泡沫;那些扛起道义的旗帜、为人类命运思考的智者和勇者,才是永不停息的涓涓静流。更有人游走在聚光灯下,仍有不被浮云所困的智慧,有随缘自在而又不失大丈夫的风范,可谓真智者。面对接近权力时的热闹,还能够有看穿风云的淡定,着实不容易,大隐隐于世,就有这样的意思。

这些人,或许生前寂寥,但风雨坎坷之后,历史的车轮不断前行,他们的价值就会被挖掘并被珍视,孔子如是,苏格拉底亦如是。

当我们走在人生的十字路口,是做清寂的静水流深,也许默默无闻?还是做高高扬起的泡沫,热闹之后便幻灭?这取决于我们的选择,而选择的方向,则取决于我们的智慧和境界。

为什么建设性的努力比单纯的指责更有用?

现在流行一句话:"培养批判性思维。"客观地说,社会进步的动力,在于不断地创新和与时俱进,能够不断地突破僵化的藩篱,从这个意义上说,批判性思维有一定意义。不盲从的批判,能够让人不断地发现问题、正视问题、分析问题和解决问题,而不是回避问题、掩饰矛盾。但是,事情一旦走向另一个极端,优点就演变成了缺点。

当前有一些人批判思维用得娴熟，动不动就是这也不好，那也不好，结果导致怨天尤人，消极悲观，甚至走向极端。尤其是文化的传播者，如果一味地散布消极情绪，愤愤不平，堆积各种指责和怨怒，实际上对问题的解决没有多大帮助。当一个社会的戾气增加，只是注重批评和指责，而不是引导社会成员踏踏实实地去努力，社会就永远没有希望。中国变得更加美好，不是一个人的责任，更不是靠少数人的努力，而是需要全社会共同奋斗。因此，我们提倡批评，提倡正视问题而不是回避问题，但是我们绝不可陷入简单的指责和怨怒之中，而是在正视问题的基础上，踏踏实实地奋斗，做出建设性的努力。只有人人尽心，国家才有希望。

批判的目的不是为了批判，而是为了发现问题，找到解决问题的办法，更好地建设我们的国家，更好地发展我们的事业。

如果站在更高层次上看，一味地批判与一味地歌功颂德都是偏执于一边。唯有实事求是客观全面地看问题，才是我们努力的方向。

一个人修为的关键是什么？

很多人特别在意自己的权力、地位、金钱和名誉，其实一个人能够值得人尊重，真正能够名垂青史，无关于权力、地位和财富、名声，最重要的在于一个人自己修到了什么境界，做出了什么成就，主要表现为内心世界的层次和高度。任何一个有真本领，能够在平凡的岗位上做到极致的人，无论在哪个平台工作，都能赢得别人的尊重。

反之，一个心灵荒芜，根本不知道怎么活的人，没有一以贯之的奋斗目标，没有超越"小我"的情怀，多的是关于自我利益的权衡和心中患得患失的杂乱。这样的人，无论拥有多大的权力和财富，都无法掩饰生命的苍白，不会让人发自内心地敬佩，甚至会因为智慧和德行的不够而导致不虞之患。

把心修好了，才能驾驭人生一切的挑战！

为自己的选择承担责任，有什么重要意义？

有不少朋友问我一些复杂的人际关系应如何处理，我很少回答。因为我们生活在一个有缺憾的世界，有些事情怎么做都不会圆融，都不可能有完美的答案，只能是自己选择，自己勇于承担后果。

比如，有一个学生问我：他在一个远离父母的城市读书，并交了女朋友，父母坚决让他回去，女朋友则不愿意回去，他该怎么办？这种问题，谁也没有好办法，因为怎么处理都不会圆满，这就是苏轼说的"此事古难全"。在不可能两全的时候，抓住最重要的东西，要懂得取舍之道，要敢于承担选择的后果！

很多人之所以会有心结，一方面是不想承担自己选择的后果，一方面是心量有限，没有智慧让事情有峰回路转的余地。

在上面的案例中，如果他们的心念转一下，比如父母体谅孩子，选择去孩子那里，或者孩子视孝敬父母为天职，两人很欣喜地选择去父母那里，矛盾就会少很多。可是，当每一个人只是关注自己，不能超越自我利益的时候，矛盾和冲突就产生了。

世间事的好与坏从来没有固定不变的时候，关键是一个人用什么心态去看待和处理。如果有一颗乐于助人的心，处处成全别人，吃亏了也会快乐。反之，如果心量狭隘，只在意自己的小利益，不懂得慈悲和善良，在他人看是沾光的事，而他都还嫌不够，一旦有点损失更要怨天尤人了。

如何评价"有多大的历练，就有多大的觉悟"？

中华文化的儒释道各家，其实有一个共同的宗旨，就是追求人生的圆满与觉悟。而如何实现这个目标？中华文化认为只有经过世间的历练，才能真正实现人生的圆满。

在中国传统知识分子的心灵世界中，有两个维度：一是追求外在的事业和功绩，立功、立德、立言，做大丈夫。二是追求内心的圆融与觉悟，净化心灵以实现心灵的慈悲、广大、平等、清净。而内在的心灵觉悟恰恰要通过外在的历练才能实现。就是说，正是在为国为民奋斗的过程中，在利益社会服务众生的过程中，洗涤心灵的贪欲和狭隘，升华人生的境界。佛家之所以选择莲花为象征花，大有深意。莲花的圣洁与伟大恰恰是不避尘世，在污泥浊水之中，芳香四溢，微妙香洁。这正是中国知识分子赞许的精神：在利益众生、服务社会中成就自己的人生。孔子、孟子、庄子、惠能大师等皆是如此。

因此，历史上伟大的知识分子大都可以将内圣和外王很好地结合起来，有机会的时候，安邦定国，做治世良才；当没有机会的时候，息心于碧林，徜徉于自然，致虚极，守静笃，以实现生命的净化和觉悟。大家看苏轼，一生为济世报国而努力，不辞辛劳，实为入世之精神。而当不虞之患接踵而至的时候，他又能够淡然处之，也无风雨也无晴，实为出世之超越。

有了这样的精神世界，人们才能无论身处什么样的境遇，都能够从容中道，淡定平和，都不迷失生命的意义。

为什么说"一以贯之"，才能累积而成就辉煌？

孔子说"吾道一以贯之"，就是说在孔子的思想中，有一以贯之的主旨。孔子十五有志于学，三十而立，四十不惑，五十知天命，六十而耳顺，七十从心所欲不逾矩。他说："士志于道，而恶衣恶食者，未足议也。"又说："朝闻道，夕死可矣。"孔子一生无论是闻达于诸侯，还是颠沛流离周游列国，都是推行仁义道德于天下，都是为了弘扬心中的道义。

我们一生也会经历各种境遇，种种考验。在时光流转之间，我们有无一以贯之的东西？如果没有，任时光错过，岁月蹉跎，到头来空留余恨。如何面对生命被辜负的遗憾和愧疚？如果有一以贯之的东西，那又是什么？

我也时常反思自己的人生：从懵懂少年，到青葱岁月，从少年到中年，常有岁月匆匆的伤怀之感。等尘埃落定，一切随风而去的时候，自己是否愧对人生？是否做了此生应该做的事？人生固然有不同的活法，我只希望在长河落日的时候，能够有一个花好月圆的结局，而不是只在碌碌无为的愧疚中面对自我。

人生所有的风景，都是在诠释一个"道"字，都是用自己大写的生命写一个"道"字！

为什么会出现"好人过不好"的现象？

某一次上课，我给学生说厚德才能载物，一个人有多大的德，就能承担多大的使命。结果有个年轻人立刻问道："这个社会上有很多好人过得并不好，这怎么解释？"如果我们想一想，发现这种现象确实普遍存在，这个学生提出的问题反映了很多人的困惑。

一个人能够成功，或者说能够完成一番事业，需要很多条件。诸如人品敦厚，待人诚恳，做事认真，海纳百川，善于团结别人，智慧涌现，敢于决策，勇于担当等。一个人功成名就需要各种条件具备方可，人品好只是其中重要的一项。如果一个人只是具备人品好这一个因素，当然不可能做成一番功业。但如果是人品很恶劣的人，没有诚信的人，更不会得到别人信任，什么功成名就更无从谈起。

因此，当我们与人为善时，不要怀疑自己的坚持。如果在现实中遭遇挫败，并不是说自己坚持做一个好人错了，而是说明自己除了善良之外，其他方面的素养还需要更多努力，诸如亲和力、领导力、组织协调能力、对人的识别能力等还需要不断地培养和历练。

人生是一场修行，不经千锤百炼，不会炉火纯青。因此，做一个善良、智慧、圆融、中道的人，有勇气接受每一个考验，在每一个挫折和坎坷中，我们能够看到自己的不足，然后才能不断地完善和提升自己。

不要因为一点挫折，就怀疑自己的坚持，而是要总结挫折的原因，让自己更智慧。

善良是人生宝贵的品质，但仅仅有善良还不够，还需要其他方面的历练和提升。

生命的意义是什么？

有一个同学问我：关于人生的意义，是否有客观的答案？是不是众说纷纭，莫衷一是？

初看起来，人生有什么意义呢？似乎是个人有个人的活法，个人有个人的追求，实则不然。

每一个人固然有各自的活法，但有一个共性，那就是任何伟大的生命，无不是在服务社会、利益大众的同时，完成自我，实现自我。比如政治家周恩来，在为中华崛起而读书的时候，成就了自己的理想。比如让人尊重的企业家，在给社会提供高质量的产品和优质服务的时候，实现了利润的增加。比如很多教育工作者，在文化传播的过程中得到社会的认可。可以这样说，在服务社会、利益别人的过程中实现自我的价值，这就是生命的实质。

遗憾的是，有的政治人物只希望看到万众鼓呼，而不知道为国为民甘洒热血；有的商人只希望自己家财万贯，而不知道好好提供受社会欢迎的产品和服务；有的知识分子只知道浮名环绕，不知道以自己的智慧和德行给人启迪，这其实是背离了人生的意义。

任何一个人，如果不能在服务社会的过程中实现自我的价值，也就不会得到大家的认可。一个人，只有真正觉悟了"成全别人，就是成就自己"这句话的意义，就会知道如何用心，如何期待，如何做事，如何待人。

为什么心灵需求是物质富裕之后的必然趋势？

当物质财富有了一定的满足之后，心灵的需求就是时代的必然。

人们需求的变化，某种程度上是社会发展的晴雨表。人们刚从解决温饱的环境里走出来，关注娱乐和消遣，这是必然的现象。当社会发展到更高的程度，人们关注自己的心灵，希望拥有智慧和定力，希望有更大的承载力，希望能够应对和化解人生面临的无数挑战时，心灵的需求已经升级了。关键是文化部门能否认识到人们心灵需求的变化，并有效地满足人们的心灵需求。

我们每一个人也要关注自己的心灵升级，这关系到人生的富足和欢喜；企业家要关注到心灵的升级，这关系到企业的商机和团队建设；国家要关注到心灵升级，这关系到能否满足人民的文化需求，能否让国家长治久安。

脸上的"五官"给我们什么样的启发？

观察人的脸，会给我们很多的启发和道理，人的脸庞分明就是一本人生哲学的教材。

人的眼睛长在前面，无论怎样努力，后面都是视野的盲区，这告诉我们看到的只是世界的一部分，永远要带着一颗谦卑的心去全面了解情况，不要刚愎自用，更不要自以为是。

人的耳朵长在两边，告诉我们偏听则暗，兼听则明。面对不同的看法，永远不要选择性地倾听，而要能够兼收并蓄，倾听不同的见解，这样才能全方位掌握情况，避免偏见和狭隘。

人的鼻孔是朝下的，说明大地是我们的母亲，人只有接地气，才能更好地吸收营养。做人，无论多高的位置，多荣耀的地位，永远记住鼻孔朝下，倾听他人的诉求，反映他人的愿望。

人只有一个嘴巴，告诫我们要少说多做。一个人命运的改变，不在于听到一个什么道理，看到什么鼓舞人心的奇迹，而在于怎么行动，怎么将好的道理落实在实际的生活和工作中。可是，太多的人只是思想和语言上的勇者，从来不付诸实际行动，自然永远不会改变命运。

身体的其他地方，都是用衣服包裹起来的，孔子说："饮食男女，人之大欲存焉。"欲望人人都有，必须正视，但不可夸大欲望的作用，更不可放纵欲望。须知人心之中，有欲望也有良知，我们所做的就是多启发人们的"道心"，多学习让自己积极向上的东西，不断地净化心灵，从而让人生更充实和有意义。

为什么人生的机会来自奉献和善行？

我们常说一个人的运气好、福报好，可曾想过其中的缘由？任何人的福报都不是天上掉下的馅饼，福报来自奉献和付出，运气来自人缘和善行。

一个人有多大的福报，取决于为多少人奉献付出。马云等提供的淘宝网和阿里巴巴平台对消费者而言就是服务和奉献，比尔·盖茨的软件也是对消费者的服务和奉献，邵逸夫先生对教育的无私资助，更是善行和奉献。所以，这些人都有大福报，给别人做的事越多，自己越有回报，这是一个简单的常识。可很多人只盯着自己的小利益，不知道奉献，结果路只能是越走越窄。

对于善举和扶助，很多人以为就是多拿钱而已，其实并非如此。人生处处可行善。有的人胆小，你激励他要勇敢，这是善举；有的人处于迷茫中，你给他指一条正路，这是善举；有的人没有读过圣贤书，你给他讲述圣贤之理，这是善举。任何一个助人的机会，乃至一个微笑，一个微不足道的协助，都是善举。反之，能帮助的不予帮助，冷漠自私甚至故意制造障碍，必然不会有好的结果。

没有无缘无故的好运，如果大家认真观察，会发现那些有好运的人，多半是因为善良、周到和细致而得到别人的认可。反之，一个自私并精于算计的人，则很少有贵人相助。

遇到优秀的人，敞开胸怀，感恩上天给自己的礼物，珍惜向别人学习的好机会。不要嫉妒，嫉妒只能让自己狭隘，不会影响别人的优秀。待人接物，在每一个细节里面与人方便，成全别人，广结善缘，一定会有好运气。

"苔花如米小，也学牡丹开"给我们什么启示？

某一天雨后，我在阳台闲坐，忽然一棵嫩芽映入眼帘，原来是曾经被我扔掉的草枝，已经悄然在花盆的某个角落里扎下根来，并绽放出勃勃的生机。我感慨生命顽强的同时，不由得想到人生——有的人报怨环境不好，有的人指责家庭不好，殊不知人生的时光就在这种种的怨天尤人中流走了。

我们为何不学习这棵几乎被遗忘的小草呢？只要有立足之地，便可以绽放生命。与其愤愤不平地发泄，不如沉下心来为自己撑起一片绿色——苔花如米小，也学牡丹开。每个人，其实都有属于自己的天地，关键是选择在怨天尤人中浪费时光，还是分分秒秒地珍惜生命，让生命发光，力所能及地活出生命的尊严。

为什么说顺者为"人"逆者"仙"？

顺者"人"，逆者"仙"，这是古语里的话，意思是顺着人性的弱点堕落，就是凡夫；逆着人性的弱点向上提升，就会成圣成贤。

提高修为的过程就像登山，随时有一种巨大的力量向下拉扯自己。如果没有大智慧和勇猛精进的勇气，一味随顺自身的习气，很快就会堕落。不跨越层层的叠嶂，不会有会当凌绝顶的境界，不经历一番寒彻的苦楚，焉有梅花扑鼻的清香？

由于人性的复杂，很多人性的弱点在牵引我们走向堕落的路；同时，良知的力量也昭示我们不断地自我净化和成长。一个人是否能不断超越人性的弱点、净化自我，决定了一个人最终的高度和境界。

为什么人生有"因"必有"果"？

很多人羡慕别人过得好，其实这是不懂事情前因后果的表现。世界上没有无缘无故的好运气，也没有无缘无故的"倒霉"。

当我们看到一个人机会多、收入高、发展得好，其实这是"果"。只有在"因"上下功夫，才能收获好的"果"。任何一个人，如果希望命运改变，第一，要好好提高自己，要有服务社会的真本事；第二，要广结善缘，要有服务社会的平台；第三，要甘于奉献，利益大众，赢得社会认可。具备了这些条件，一个人生活的改善和命运的改变就会水到渠成。

理解了"因"和"果"的道理，我们就可以主动创造生命的辉煌，种好"因"，收善"果"。

什么是"不为所动，不被境转"？什么是"随波逐流"？

中国有句古话：不为所动，不被境转。对于正确的价值观和有益于社会和大众的好事物，不管别人怎么样，自己都能坚持，不忘初心。一个人如果做什么事情，患得患失，优柔寡断，自己没有主见，不能坚持，轻易被外界扰动，那么怎样都不会做成事。当然这种坚持需要智慧，需要技巧。

还有一个成语：随波逐流。有一些人，在面对社会的各种影响时，背离自己的初衷，最终浑浑噩噩。真正的精英，不管身处哪个行业，都能成为社会好风气的引领者和坚守者；而不是怨天尤人，将责任推给外部因素。《论语》说"君子务本"，如果每一个官员都能够视人民为父母，真诚服务人民；每一个医生都能够把病人当亲人，济世度人；每个老师都对自己的课堂负责，传道授业；每一个工人和农民都兢兢业业，国家必然繁荣强大。制度的约束固然重要，可当人心都堕落了，一切制度都容易失去效力。

公民都有批评和监督社会的权利，但同时更要从自我做起，成为社会正能量的传播者，成为社会好风气的坚守者和引领者。反之，天天抱怨和指责，而当自己一旦有了权力，往往还不如别人，这样社会永远没有希望。社会的希望，在于更多人的坚持和努力。希望更多的人，不管能力大小，都做发光的人，照亮自己，照亮别人，给人以希望和力量。

为什么要学安身立命的真本事？

一个人能够在世上立足，能够发展得好，最大的根本是什么？答案就是要有安身立命的真本事。

当然，一个人能够成功，取决于各种因素，但是唯有掌握安身立命的真本事，才能经得起检验，才能真正赢得社会的尊重，得到越来越多的机会。

所以，青春年华，大家切不要荒废时光。如果一个事情不能让自己学习安身立命的真本事，而是让人深陷其中、虚度光阴，就一定要果断舍弃。而真正有机会可以学真本事的时候，一定要好好珍惜，勤奋用功，深入学习，提高本领。

人生在青年时期学了什么，决定了中年以后的收获和成就。那些虚度年华的人，在各种散漫无聊的事情上浪费时间的人，一旦在现实面前幡然醒悟，恐怕也悔之晚矣。所以切不可虚度年华。

放慢人生的脚步会给我们带来什么？

读宋之问的诗"近乡情更怯，不敢问来人"；读柳永的词"执手相望泪眼，竟无语凝噎"，我都不免唏嘘感怀。所感怀的不仅是诗人所描述的感情之真，还有就是那个节奏很慢、交通很不发达时代人们的情感世界。

想一想，在幅员辽阔的古代中国，无论是旅人还是朋友，一旦分手，不知道何年能够再见，情感的浓郁自然可以理解。可是今天，千里万里，也就几个小时的事情，甚至手指轻轻一按，地球的两端都可以对话和视频。在这样一个急匆匆的时代里，心情没有沉淀的时间。大家再看今天人们情感的表达，少了真诚和挚深，多了肤浅和浮躁，捧书夜读，很难读到古诗中散发的人性之美了。

更让人忧虑的是，在一切都急躁、急功近利的时代里，人心也变得浮华和功利，付出和得到之间，斤斤计较，一点努力就希望大富大贵；面对期待，总有急不可耐的躁动，稍微不满意，不如己愿，怨怒立刻挂在脸上，甚至拂袖而去。这不仅仅是一个人的修为问题，而是折射了这个时代人们的心境。

可是，如果大家真正静下来想想人生，为什么一切都那么急匆匆呢？所有的人，生命的尽头，都是死亡，为什么还要急匆匆地赶路？为什么不好好地感受人生的每一步？懂了这个道理，不妨将心定一定，静一静，掩卷读书也好，看细雨远山也好，去用心感受生命之美。而且，正因有了这份定和静，人生多一份涵养和智慧，少了急躁和冒失，不是很好吗？

安静是人生的美好，清净是人生的大福报。

脚踏实地为什么这么重要？

如果我们静下来沉思人生，认真领会中华文化的智慧，就知道人这一生所有的境遇无非是自己所想、所做导致的，自己种什么因，必收什么果，祸福无门，唯有自招。

《了凡四训》这本书上说：命自我立，福自己求，生命的一切无非是自作自受，咎由自取。既然人生的局面是种什么因，收什么果，那一个人想改变命运，只有从自己的心里和言行上改起，心里为大众着想，言行谨慎周全，利益大众，种服务社会、利益大众的"因"，才能收广结善缘、事业有成的"果"。这种自己把握自己命运的觉悟，就是"天行健，君子以自强不息"的精神。

圣贤的智慧是引导我们走好人生路的路标，但路要自己走，饭要自己吃，切不可盲目崇拜，更不可狂热迷信，世界和人生一切的秘密就在自己的心地。心里觉悟到什么，行动坚持了什么，人生就是什么局面。

无论是儒释道等各大家，都强调要从做人开始，孝敬父母，友爱朋友，讲求诚信，做好本分，做光明磊落之人、光明正大之人、心怀坦荡之人，能够服务社会，利益大众，这是人生的基础。没有德行和人格的基础，其他高妙的境界无从谈起，甚至会走错路，所以一定要脚踏实地。

我们怎样效法孔子的成长？

孔子概括他的一生，"吾十有五而志于学，三十而立，四十而不惑，五十而知天命，六十而耳顺，七十而从心所欲不逾矩。"我的看法是，我们每一个人，都应该从孔子成长的一生中汲取智慧，把孔子当作一个标杆和尺子，在孔子这面"镜子"面前反思自己。

比如，十有五而志于学，什么叫志于学？就是孔子在十五岁的时候，已经非常清楚这一生要做什么了。我们多少人活了三四十岁，都还不知道自己要做什么，还在碌碌无为，不知道此生的使命和责任。周总理十二岁"为中华崛起而读书"，孔子十五志于学，这给我们的启发是，一定要先探寻和确认此生的使命和责任是什么。

所谓"三十而立"，什么是"立"？孔子到三十岁的时候，看问题、处理事情，基本的格局就立起来了。我们现在很多人一辈子都立不起来，听张三说张三有理，听李四说李四有理，很多人陷入传销里面，一两天就已经完全被洗脑了，为什么？就是因为他们没有独立的人格和思考判断能力。用《中庸》的话来说，我们听到各种观点之后，要"明辨之"。用基本知识做出基本判断之后，才知道该怎么取舍。

四十而不惑，就是在道理上都很通达，看什么都能明白其中缘由。可现实中多少人都有惑：业务开展中、人际关系中、升职过程中等等各种困惑……可是，孔子四十岁的时候，他看这些事情都已经不惑了。不惑的背后有秘密：那就是领悟了世间的规则都有因和果，任何事情的出现，必有其原因，任何事情原因苗头出现了，必有其结果。理解这个道理之后，大家再看事就知道来龙去脉，前因后果，心中的不解就会消解很多，从而达到不惑。

五十而知天命，什么是知天命？这个境界很深，一个人知天命，就是一个人不仅对外部的道理很通达，而且对自己在宇宙中间该怎么生活有了领悟。如果"四十而不惑"是对外部世界的一种通达，"知天命"则是指"我"（孔子本人）在宇宙中间，应该有什么样的使命，该做什么，不做什么，有清晰的自我认知，这就是知天命。

六十而耳顺，什么是耳顺？大家说我好，我高兴；说我不好，我也不生气。人一般都是不耳顺的。

人为什么不耳顺？就是因为我们每个人都有对"小我"的执着，你的话符合我的想法，我就高兴，你的话不符合我的想法，我就生气。这就是被"小我"紧紧地包裹了，只有把"小我"打开了，没有"小我"了，拥有了海纳百川的胸怀，这时候你听到什么都耳顺。这就是孔子的修为。

到了七十岁的时候，从心所欲不逾矩。想做什么就做什么，可是做什么也不违反规矩。这个境界非常大，我们现实中的人，如果想做什么就做什么，会做多少违法乱纪的事？可是孔子不会，想做什么就做什么，从心所欲还不逾矩，其中的秘密是什么？秘密就是孔子把心中的污点给去掉了，把很多人性的弱点给克服之后，心中留下的是什么？用孟子的话叫良知，就好比是光亮的珍珠，光芒四射，这些，孔子都找到了，找到以后，按照良知去做事，超越了人欲境界，从心所欲，就完全是道德的境界。道德澄明之后的境界，做什么都符合伦理而不逾矩，这个状态可以用四个字来形容：人与道同。人和宇宙的大道是一体的，孔子想做什么就做什么，还都不违背道。这就是孔子得道的境界，也是"道心"真正做主的境界。

"我究竟是谁"重要吗？

人生的每一个阶段，都是一场告别。每一个人最后的告别，就是告别自己的人生。

只是人在迎新的欢喜中，忘却了再美的旅程也有终点，忽略了每一次告别都是永远不可再回来的人生风景。

现在生活的节奏太快了，一天一天仿佛在赶着走，在急匆匆的行程里，我们是否想过生命的意义和价值？《华严经》说："不忘初心，方得始终。"有的人忘了初心，有的人也许就没有初心。

能否安心是一个人成熟与否的一个标志。无论多耀眼的光芒，无论多平凡的人生，都有生命的充实和意义感。

我究竟是谁？这是人生的必答题。只有知道了自己是谁，才能确立人生的使命和担当。

如何知道自己的使命？

如何才能成就人生，让生活有意义和有价值，这是几乎每个人都关注的事。

首要的是立志，知道自己该做什么，知道自己这一辈子是为什么活着。如果不知道自己是为什么活在世上，其他任何学识的积累有什么意义呢？无非是浑浑噩噩过一生。

我们常说安心、踏实，其实只有知道自己活着是为什么的人，才有不畏浮云遮望眼的远见，才有乱云飞渡仍从容的定力。毛泽东、周恩来、钱学森等历史上伟大的人，都知道自己这一生是为何而来。

有人问：我如何知道自己的使命？人生的使命是自我确立、自我承担、自我实现、自我完成、无怨无悔。所以，大家明白历史上的哲人为什么特别强调发愿的重要性，没有给众生当牛当马的大愿，只求自我的安乐，绝不可能有一番作为。发愿，实际上是一个人对自己生命的安排，是觉悟者对自己命运的把握。

如果进一步追问：有了为大众服务的大愿后，落脚点又在哪里？没有实际给社会服务的平台，那只是夸夸其谈。一个人无论有多大的志向，都必须有一个实际落脚的地方，周恩来搞革命，钱学森做火箭研发，袁隆平种水稻，梁漱溟研究传播中华文化，如此等等，都是把为大众服务的志向和实际从事的行业结合起来,在做好本职工作的基础上,既成为行业的精英,又实现了为人民服务的志向。现在的年轻人,要么没有服务大众的心愿,要么不知道自己想干啥,找不到落脚的地方,这是很多年轻人的现状。

我的建议是,理想的建立,需要明晰自己的责任,自己给自己的人生确立目标。至于具体的职业,一定要找到最喜欢的和最擅长的结合点。从事喜欢的行业,可以一生快快乐乐;从事最擅长的行业,容易在社会上脱颖而出。至于什么冷门热门的区分,是普通人不知所以然的闲话。任何行业,本质上没有绝对的冷门热门之分,如果你能学好,冷门也可成全你;如果学不好,任何热门专业也不会让你找到自己的位置。更何况,社会日新月异,行业的冷热时刻在变化,根本没有定数。

其次,在方向确立之后,最重要的就是目标如何实现的问题。人生切忌浮躁,没有十多年甚至几十年的积累,一般不会有走到社会前台的机会。再就是踏踏实实,把基础打牢,找明白人指点,将知识学习和智慧的领悟相结合,做事的能力和德性的提高相结合,等等。如何在细节上做好,真正成就自己,大家可以读一本书——《直面人生的困惑》,我在这本书里已经做了很多解答,可以参考。

总之,每一个希望成就人生的人,不妨自问:我心中有服务社会的大愿吗?这个大愿就是人生的使命和情怀,也是人生生不息、不断进取的力量之源。

再就是我知道我这一辈子该做什么事吗?这个问题想清楚了,就有了落脚处,任何人,都要有自己发挥作用的平台,而不是高谈阔论,一事无成。至于该如何做成事,如何迎接做一番事业过程中的各种挑战,另当别论。以上供参考。

为什么说权力的诱惑，如同刀尖上的蜂蜜？

我看到不少政治人物，在查办其违法乱纪之后，面对铁窗余生，禁不住当场落泪。人生的道路都是自己选择的，既然选择从政，就应该想到各种诱惑挑战，各种选择的后果，应该肝脑涂地为人民做事，应该预见各种挑战而岿然不动。当然，做到这些非常不容易，所以才有不同的人生。

我有一个比方，权力上附着的利益，就好比是刀尖上的蜂蜜，确实诱惑人动心。等权力越来越大的时候，刀尖上的蜂蜜也就成了蜂王浆，更加香甜。但是，一个有定力和正确价值观的人，绝不可去舔食那蜂王浆，因为一旦经不起诱惑，就会面临鲜血淋淋的后果。所以，认为"升官就是为了发财"这样价值观不正确的人，不要去做公务员，否则一旦走错路，身陷囹圄都是小的事情，甚至会家破人亡。

人生都是自己选择、自己承担的。但愿每一个人都能确立自己的使命，做好自己的选择，走好自己的人生道路。不要在落难的时候再痛哭流涕。

为什么想要成功必须要全心全意？

《中庸》一书说，至诚可以感天，不诚无物。一个人如果做事没有至诚之心，不能制心一处、全心全意，很难做出一番成就，成为行业的佼佼者。

世间最常见的现象，莫过于变化。大至斗转星移、四季变化，小至人事变迁，风俗流转。一些人沉醉于灯红酒绿，忘记了人生的终点，最终无可挽回。人生再长，一般不过百年，白驹过隙，其实看穿了，有何挂碍？可正是在无所挂碍的地方，有此生必须要完成的使命和任务，这就是以出世的心，做入世的事业。无所待，不迷恋，兢兢业业完成此生的使命，无怨无悔，一往无前，不辜负曾经的承诺。

事业与道业是怎样的关系？

人一生，要修两个"业"。一个是事业，一个是道业。事业是对社会责任的承担，人生一世，总要对国家、对社会有所贡献，对人民有所裨益，能力当然有大小，但总要做一点对社会、国家有益的事。

道业是对自己生命的责任，生之为人，自己就要有好的修为，不断地自我净化，自我升华，实现生命的超越，不辜负这一期生命的时节因缘。在事业中修炼道业，在道业中永不迷失生命的责任。当生命抵达终点需要告别的时候，道业已成，才是人生的圆满。

为什么人生要修两颗心？

人生的感受在于心的体验。为什么烟雨蒙蒙，有的人觉得浪漫，有的人觉得压抑？勿怪烟雨蒙蒙，不同的心境使然。

人生的这一场修行，应该修好两颗心：一颗是入戏的心，这意味着我们一旦做自己该做的事，就要心无旁骛，专心致志，而不可三心二意，不可患得患失，得陇望蜀。入戏的心考验我们的真诚，考验我们是否全心全意地投入，唯有制心一处的赤子之心才可成就事业。

另一颗是旁观的心，我们既要有入戏的专注，又要有站在别处的冷静旁观。人一生，有无数的因缘，一个缘分过了，就要有花开花落去留无意的达观，要在潮起潮落之间，有一双慧眼观潮的安静，在因缘际会的变迁中，有一份随缘和放下的通达。否则，遇到一个缘分，就把心粘附在上面，一旦遇到因缘变化，就要死要活，痛苦万分，这不是自我折磨吗？

有了这两颗心，既要投入地做事，又要有随缘的自在。

为什么说人生是一场旅行？

人生仿佛是一场旅行，愿景和理想就是旅行的目标，各种诱惑就是路边的风景。没有愿景和理想的旅行，漫无目的，有的时候也许有惊喜，但更多的是错过时光的悔恨和感伤。如果一个人沉湎于路边的风景，就会在流连忘返中忘记初心。

一个人的修养如何，终极的检验就是一个人的心。任何外在的形式，都是为了修心。世界不是任何人的，人只是世界的过客而已。面对浩渺宇宙，人不过是孤鸿飘影，沧海一粟。我们要放下我执，不要以为某个就一定是自己的，人生不过是一场旅行。这场旅行是否精彩，就在于自己领悟了什么，做了什么。

时代对任何人都一律平等，关键是在同样的时代，不同的人做出了不同的回答。

人生是众缘和合，我们在各种缘分的交错中演绎自己的人生。为了在旅行的终点不遗憾终生，那就要自己制定旅行的方向和目的，在彼此成全中完成人生，交一份曾经许诺的答卷。

如何理解内圣与外王？

庄子曾经概括大成就者的境界，那就是内圣外王，这也应该是所有教育的目标和我们努力的方向。

内圣，就是指内在的修为；外王，就是指外在的功业。一个人内在的修为是基础，包括德行、智慧、组织能力、驾驭能力、运筹能力、团队精神等，这些内在的能力具备了，才有可能做成一番事业。如果一个人的内在修为不够，就如同地基不够扎实，根本不可能盖起人生的高楼。内圣和外王相辅相成，互相促进。内圣促进外王，内圣也需要在外王的过程中修炼；任何人，只有内在修为经得起检验，外在的功业才能巍然耸立。

一个人的外在和内在是一致的，内在是"因"，外在是"果"。如同种一棵树，需要勤劳培育、耐心管理，需要等待花开的季节。任何急功近利、不劳而获、没有足够奉献的妄求，都必然遭遇现实的惩罚。世间的事，都是种什么因，就有什么果。如果希望得到真正的幸福，就努力奉献，用汗水浇灌人生的树林，至于人生的硕果，也自然是水到渠成。

简言之，内圣的境界决定了外王的壮阔；同时，也只有在外王的拼搏中，才能真正验证和提升一个人的智慧和德行。

谁才是人生的终极拯救者？

有的人习惯性地依靠关系和人脉让自己飞黄腾达，有的人寄希望于外部的神秘力量可以给自己带来好运，果真能如此吗？武王伐纣的一段故事，给了我们很好的启发。

据记载，商纣王荒淫无道，草菅人命，政治腐败，人民苦不堪言。周武王决定起兵伐纣，救民于水火之中。但为此事卜卦的时候，发现卦象很不吉祥，于是很多人劝告他不要出兵，但武王力排众议，坚持出兵。出兵途中，大风折断了旗杆，很多人又感到惊恐，劝告武王退兵，武王依然意志坚决、不改初衷。后来牧野之战武王大获全胜，商纣王鹿台自焚，武王伐纣取得成功，人民的苦难得到纾解。这个时候，武王向大臣说出了心里话：卦象不好，旗杆折断，我为什么还要坚持出兵？因为如果我们不起来伐纣，人民的苦难就不能得到纾解，社会的腐败和混乱就不能结束。理想社会的建立，社会问题的解决，不能简单靠天意，要靠我们自己。

这个故事意味深长。到底人类的整体命运和个体命运由谁决定？我们可以很肯定地说，既非卦象，也非看不见的神秘力量。人生最根本的拯救者是自己。自己不主动解决，自己不想办法，问题永远不会自动解决。人们常说观世音菩萨救苦救难，但通过谁才能体现救苦救难的精神呢？是通过我们每一个人。我们要身体力行，而不是遇到困难就等着别人乃至神佛菩萨来救。

懂了这个道理，面对人生的各种困难和挑战，我们都要自强不息。对于他人，我们能给予的最大帮助不是包办，而是启发引导，提高其能力，激发其自信，引导大家都去做自己的拯救者。

怎样以不变的智慧把握世界的变化？

人有一种依赖的天性，面对变化总有莫名的难过和不舍，容易站在原地留恋，还有的会拒绝变化。

可无论多么难以割舍，一切都会过去，这是大势所趋，也是我们必须面对的现实。如果说慢，也许一天都是煎熬，如果说快，几十年不过弹指一挥间。人活在天地之间，总希望心想事成，可世界的变化往往不会按照自己的想象发展，相反，我们必须去接受千变万化的外部世界。关键在于自己怎样领悟世界的变化，如何认识变化带给我们的各种心境。

在变化中把握"不变"，学会"随缘"，用发展的眼光看待已经逝去的所有美好和不美好，吸取营养和经验教训，为恒定的"我"所用，但不一直沉溺过去，这就是"不变"的智慧。以"不变"的智慧，看人生的潮起潮落，才能不被"逝去"的无力感掌控，敢于面对未来新的挑战。

如何才能做到"莫向光阴惰寸功"？

唐朝诗人杜荀鹤，在《题弟侄书堂》这首诗里写道：

何事居穷道不穷，乱时还与静时同。
家山虽在干戈地，弟侄常修礼乐风。
窗竹影摇书案上，野泉声入砚池中。
少年辛苦终身事，莫向光阴惰寸功。

青春年少辛苦奋斗，这是终身大事。青春年华是最该奋斗的年纪，青少年吸收多少能量，将来才有能力承担多大的责任。"莫向光阴惰寸功"，千万不要在光阴面前懒惰，如果荒废光阴，三四十年以后，回望人生，再多悔恨自责都晚了。少年辛苦是终身大事，关系一辈子的命运，千万不能糊涂。

人生有很多路要走，最关键的路往往就那么几步，那几步走好了，人生的局面才会与众不同。青年时期是人生打地基的时候，不管这一辈子的

"楼"有多高，地基一定要打好。只有把人生的地基打牢了，这一生才有高度，事业才能辉煌，千万不能含糊。

可惜的是，我们今天很多年轻人不懂得这个道理，在最该奋斗的时候却在荒废时日。

为什么很多年轻人虚度年华不懂得珍惜？

第一，没有理想。人一定要有理想有抱负，大到为国为民，小到改变个人前途、家庭命运。今天的孩子们物质生活基本都有了保障，在衣食住行都不用他们操心后，他们再往前行的动力在哪里？这时就该更大的理想上场了。一个人没有追求，没有方向，这个状态叫浑浑噩噩，如果说得重一点，就是行尸走肉。

人有了理想，才有了方向和力量，才会规范自己，知道为什么学。如果连为什么学都不解决，其他的就更无从谈起。这是第一个方向的问题，今天很多人都迷失了自我，没有目标，没有使命、责任和情怀，所以也就谈不上珍惜。

第二，玩物丧志。科技是个双刃剑，可以造福人类，但是又带来了诱惑。比如玩手机和游戏，本该是消遣，但却迷失其中，不可自拔。这一辈子想做点儿事的人，一定得有定力，得专注。可是你会发现，很多人一旦沉迷手机以后，心神开始散滞，说话做事都很难专注。当一个人做不到心无旁骛时，也就无法知行合一，自然很难成事。所以，一定要警惕玩物丧志。

在今天的大学课堂上，很多学生上课都在低头看手机。当你问他从手机里学了什么，很多人无言以对，因为他看的恐怕只是无聊的小游戏和八卦新闻。不光是手机，对任何让我们丧失专注力、忘记自己使命和抱负的诱惑，都要保持警惕。所以，我经常跟青年朋友讲，这辈子两个东西绝不能沾：一个是赌博。它会让人倾家荡产，甚至家破人亡。第二个是毒品。毒品对人身体和精神有双重伤害，人一旦陷进去，万劫不复。

第三，自律性差。自律就是清楚地知道，我该做什么，不该做什么，必须做什么，在什么时间做。一个人只有有了强大的自律性，才能达成人生理想。

明白自己为什么学，是解决动力问题；知道自己的方向在哪里，再加上强大的自律性，才会有智慧、境界、人格、德性的全方位成长。大家切不可荒废时日，以免老之将至，自己却一无所获。总之，只有做到"少年辛苦终身事，莫向光阴惰寸功"，才会像李白所说的："长风破浪会有时，直挂云帆济沧海。"

贫困最大的敌人是谁？

我自己经历过贫穷，对那些在贫困中勤奋努力的人，颇有感同身受的敬意。我们常讲扶贫，实际上最大的扶贫，是告诉每一个身处贫困而想改变自己命运的人，如何才能真正摆脱贫困。

一个人命运和处境的真正改变，首先在于心，在于自己的意志。如果自己没有务必改变处境的决心，一切都无从谈起。讲一讲自己苦难的故事，博得一些同情的泪水和暂时的捐助，都不能真正改变命运。很简单的道理，任何外在的帮助，都是无源之水，都会随着时间的流逝而枯竭，只有自己有坚定的愿望和毅力去改变自己，才能真正让自己改观。

其次，贫困的人要警惕一个弊端，就是人穷志短。相反，贫穷的人要有大丈夫的气概，要有布施天下的心量——正因为自己经历了贫困，知道很多人生活得不容易，对苦难感同身受，所以更要以"己所不欲，勿施于人"

的决心，发展自己，兼济天下，力争让更多的人去改变命运，生活得更好。希望所有身处贫困的人，或者曾经贫困的人，一定有"己欲立而立人、己欲达而达人"的觉悟，带动、帮助更多的人成长起来。

再次，立志改变命运的人，一定要多读圣贤书，提升自己的智慧。一定多提高自己的道德修养，厚德载物，广结善缘。一定要不怕辛苦，乐于奉献。一定要谦卑虚心，处处有一颗倾听和学习的心。只有这样，一个人才能披荆斩棘，处理好各种挑战；才能有更多的人帮助；才能团结更多的人一起努力；才能永不骄傲，永远进步。

最后需要提醒，改变命运是一个长期的过程，绝不可急功近利、操之过急。短时间就飞黄腾达，绝对是痴心妄想。很多人陷入传销，甚至身陷囹圄，究其根源，无不是因为自己的德行和价值观的缺差导致的。

等、靠、要的心态，都是贫穷的好朋友，有着这样心态的人永远不会改变贫穷的命运。远大的理想，坚强的决心，点点滴滴的奋斗，甘于平凡，不急不躁，是贫穷最大的敌人。愿每一个人都能正确选择自己的朋友，生活得越来越好。

为什么说人生最大的平台是人心？

某天给一家生产牛奶的企业讲课，我也很受教育。该企业的领导人是村里的大队书记，他决心让群众生活好起来，想了各种办法，不怕困难，可谓有披肝沥胆的诚心。现在他们有葡萄园、牧场和奶业、酒业等多个项目，成为甘肃民营企业的旗帜，实至名归。

一个人怎样才有伟大的事业？有的人抱怨平台不好，环境不好，政策不好，各种垃圾情绪充斥，结果呢？在各种负面情绪的影响下，越来越不行，最终被时代淘汰。而我看到的这个企业，在比较偏远的甘肃，又从一个偏远的村落起家，可企业的领导没有用抱怨遮蔽双眼，没有让愤愤不平挡住前行的道路，在偏远荒凉处立下志向为群众谋利益，从力所能及的地方做起，以身作则，经过大家多年的努力终于成就了今天的格局。而且他们清醒地看到自己的不足，不断地学习，不断地提高，同时又立足自身，力争做一个不断发展的有长久生命力的企业，这些都是非常值得我学习的地方。

我们常说平台好很重要，其实人生最大的平台是人心——一颗为人民做事的心。我们常说动力，人生最大的动力是为人民服务。当一个人不单单为自己活，而是能够真诚地做到"不为自己求安乐，但愿众生脱离苦"，就一定会有源源不断的动力。心大了，一切都是广大的平台，愿力大了，人生才有更大的意义和价值。

什么是"道法自然"与"知其不可而为之"？

人生有两种态度，一种是"道法自然"。随顺生命的河流，在各种力量夹裹中自然而然地生活，不强求。就像河里的一片落叶，静静地躺在水面上，看起来安静随顺，却在不知不觉中走过了很长的距离。人生要有这样的智慧，有条件就把握机会，没有条件就心平气和地等待条件成熟，或者创造条件，不做不着边际的空想，不没事找事地让自己身心疲惫，做好当下的本分，自然而然。

另一种态度是"知其不可而为之"。面对风气和人心的沉陷，面对天下苍生，义不避责，事不避难，铁肩担起道义，置个人荣辱于不顾，知我罪我，其惟春秋。即便只是马前卒，也在所不惜，正所谓"功成不必在我"，甘愿做后人的踏脚石。

第一种人生态度叫自然而然，那是针对自己的利益；第二种人生态度则是中流砥柱，是针对社会的责任，追求个人利益的时候，不妨"道法自然"，不奢求，不妄求；承担社会责任的时候，不妨多一些勇往直前，功成不必在我。

人生的方向到底应该怎么确定？

王阳明曾经说："志不立，天下无可成之事。"人一生贵在有自己清晰的人生方向，这样才能不虚度年华，不浑浑噩噩。

但是，对于"我到底应该做什么"这样的问题，很多人并不清楚。结果随波逐流之余，韶华易逝，等有点觉悟的时候，已经是"老大徒伤悲"，很可能人生已经没有回旋的余地了。那么，我们不禁要问，人生的方向到底应该怎么确定？对于这事关人一生的大问题，我送大家三句话作参考，希望每一个人都能知道"我是谁"，"我的人生方向在哪里"。

第一句话，一定要发展自己的优势和强项。每一个人与其他人相比都有相对优势的地方，只有找到自己的优势和强项，才能在激烈的竞争中脱颖而出。当然，有的人强项比较突出，有的人一时找不到自己的优势和强项。我的看法是，优势和强项是在实践中发现的，多阅读，多实践，在这个过程中，就会发现哪些是自己比较容易做好的，哪些是自己不擅长的，这样就可以准确地找到自己的优势了。

第二句话，一定要找到自己感兴趣的点。我们人生长则百多年，短则几十年，只有选择自己终生感兴趣的点，才能拥有人生的欢喜和快乐。而且，只有做自己喜欢的事，才能心无旁骛，才能持续地专注，进而有所成就。

第三句话，将个人的奋斗方向与国家的需要结合起来。什么人才能机会多多？只有那些具有真才实学、自己研究的方向与国家的需要相结合的人，才会有更多的平台。

上面三句话，可以给大家提供一个思考人生定位的路径，将三者结合起来，就是一个人最理想的人生方向。希望每一个人都能找到自己的位置，让自己的人生更有意义。

为什么人生就是不断地放下？

很多人都想不断地得到和拥有，但是，人生是一场不断放下的旅行。

从怀孕成胎的那一天起，我们就开始做准备，最不能放下、最不愿放下的都要放下。

子宫是人生的第一座宫殿，无论多么温暖和安全，在十月怀胎到期的时候，我们都要走出来。为什么走到世界上的孩子，送给世界的第一个见面礼就是啼哭？因为从温暖的子宫里来到这个世界，第一个感觉就是刺眼的光亮和温度的不适，但我们没有任何选择的余地，无论多么需要和留恋，都必须切断脐带，向温暖告别。

随着人慢慢地长大，我们要断奶，学会自己吃饭；要离开家庭，去远方读书；要自己赚钱，走向独立的生活。不管多么眷恋双亲，他们的生命都会凋零。再等到我们自己的暮年，就算再恐惧死亡，也不能阻止它来临，当生命的最后一息散去，伴随我们悲欢离合的肉体也要放下……

人生是一次又一次的放下。而我们也随着每一次放下，不断地成长、强大。人终究要为自己负责，终究要自己长大。在一次又一次的挣扎中，我们还是要坦然地面对人生，赋予人生意义和价值，用自己的努力书写人生的传记。

体会放下，并不消极。人生是某种形式的平衡，此处的放下，就是彼处的得到。放下对外在的依赖，对自己负责，才能获得内在的强大与自由，活出一个真正的人生。

人生都要经历哪些考验？

不经历人生的惊涛骇浪，没有人可以长大。只想岁月静好，人生如歌，这不过是自己的天真想象。时代的风起云涌，国际风云的变幻莫测，人生缘分的波谲云诡，都不是我们所能预料和安排的。能经历风雨，才能见到彩虹。

考察那些真正有成就的人，我们会发现人生的第一个大考验就是苦难。"吃多少苦就有多少福"，共产党如果没有经过雪山草地的长征，历代大英雄如果没有九死一生的征战……都不能开辟出新的时代。现在的年轻人，不愿吃苦是个大问题，甚至有些人早上起床就像一场艰苦的战斗。很多人不堪尘世纷扰，吵着想出家，殊不知，出家的法师们，都是要四点多起床，五点钟整整齐齐地上早课的。颂多少佛号，念多少经咒，之后要把这个功德回向给众生，祈愿国泰民安，风调雨顺，还有的定期禅修苦行，何其不易。

没经历过考验的人生，一定不会走远，这是必然的事实。一个人一旦经历过大起大落的失败之后，心才容易稳下来。据记载，毛泽东早年的脾气也是躁一些的，可是经过遵义会议、雪山草地之后，毛主席就历练得越来越沉稳成熟了。可见，没有无数的苦水浸泡，就开不出人生的莲花。

第二个考验，拥有成功的时候，无论自己有多大的成就，都不能骄傲。什么时候显摆什么时候就倒霉。我教过成绩很优秀的学生，也教过学习成绩不好的学生，我经过比较后发现，有些人成绩考得好，骨子里有傲气，傲气往往会让人变得愚蠢和浅薄，更会带给人悔之莫及的失败。

如果自己的成绩特别优秀，一定要警惕自以为是的高傲。当一个人高傲的时候，就已经被成绩的绳索紧紧地捆住了，放不下心中的骄傲和自满，智慧之门就没法接受阳光的照耀。《论语》说"吾日三省吾身"，"三人行必有我师焉"。所以无论有多大的成就，一定要谦卑，永远不要轻视别人。

同时，地位越高，财富越多，越要有大的格局和情怀，越要给人分享，承担社会责任，为人民服务。这是万古不变的真理。

第三个考验，是对成功的期待。很多年轻人付出一丁点努力就想得到天大的回报，恨不得今天早晨努力，晚上就有结果，这个状态叫什么？急功近利。有人去寺院祈愿，拿了一些水果，然后磕头祈愿自己发大财、行大运。我们不禁要问：你的水果怎么那么值钱？真正让你发大财的不是佛陀，而是你的德行和修养。切不可迷信，要明白佛教给我们的是智慧，是如何真正把握自己的命运，而不是盲目地崇拜和迷信。

这个世界上特别有成就的人，实际上都经过了几十年的努力。年轻人做一点事就想得到天大的回报，愿望很大，但实力和愿望不匹配，这是我们很多年轻人的通病。黄檗禅师曾说："尘劳迥脱事非常，紧把绳头做一场。不经一番寒彻骨，怎得梅花扑鼻香。"世间法、出世间法都是一样的，道理相通。

第四个考验是欲望。人这一辈子切不可做欲望的奴隶。年轻人要完全离开欲望，这不现实，但不能做欲望的奴隶。"饮食男女，人之大欲存焉"，这个问题不能回避。怎么对待欲望？怎么超越欲望？这一点要跟人讲清楚。我曾经问过一些年轻人，你们读书为了什么？他们有的回答说："吃得好一点，过得好一点，房子大一点。"我说这种人生品位，跟小动物的区别在哪里呢？就是那个窝儿大一点，抓到的猎物多一点，这叫什么追求呢？

房子多大为大？其实够用就行。如果一个人眼里只有金钱、利益和权力，他的未来也绝不会有什么希望。物质是基础，当物质能让自己活得比较殷实，让家庭有所保障之后，一定要有高远的追求。人生要有道义、有责任、有情怀、有使命、有抱负。

第五个考验，就是平凡。很多人希望轰轰烈烈，但终其一生，往往只是芸芸众生中的一个平凡人，我们能接受吗？客观地说，不可能人人都位高权重，不可能人人都是亿万家财。我们要做好准备，无论自己多普通，都要活得非常有意义，活得非常充实和快乐。无论多平凡，心中的抱负、使命、情怀都不能丢。

所以我想告诉大家，如果你这一辈子活得很辉煌，祝福你；如果过得很平凡，你一样要很快乐。因为每一份工作的实质都是一样的，就是给大众服务。

在给社会服务的问题上，我有一个体会，越是直接面对大众，为大众服务，越是有意义。我是一个平凡的老师，直接面对学生，就因为能够直接为学生服务，才给我了解学生的机会，才能让我更好地讲授学生需要的东西，从而更好地帮助学生。

人生的考验绝不止上面列举的几条，请大家做好准备，能够接受人生中遇到的一切惊涛骇浪，否则，没有历练的翅膀，一旦遇到暴风雨，下场只能是灰飞烟灭。这就是孟子所说："故天将降大任于斯人也，必先苦其心志，劳其筋骨，饿其体肤，空乏其身，行拂乱其所为，所以动心忍性，曾益其所不能。"

为什么说经得起死亡检视，才是安祥的人生？

我有个朋友，是家产亿万的成功企业家。某天他忽然问我："究竟活着是为了什么？"看着他满眼的困惑和迷茫，我问他为何有这样的疑问。原来，他的一个朋友在中年的时候身患绝症，在生死面前，他猛然惊觉，不免扪心自问自己奋斗的意义在哪里。当生命究竟是什么的问题摆在面前的时候，以前所有追名逐利的行为似乎都失去了意义。

究竟为什么活着，实际上是一个人必须回答的终极问题。有的人活得通透明白，做了自己该做的事，担当起自己的责任和使命，当死亡来临时候，能够坦荡无悔；反之，一生稀里糊涂，做了很多不明不白的事，在生命即将结束的时候，就算有无限的悔恨和自责，也都已经无可挽回了。

如果希望在生命的终点，能够无怨无悔，那就要知道自己是谁，知道此生的使命并力所能及地承担责任。圣贤是为了立慧命、续文脉，大英雄是为了济世安邦，平凡人是为了在平凡的岗位上尽好本分。不管哪一个人，不管伟大还是平凡，在完成自身使命的时候，也是在修炼自己。

死亡是一个人的大考，死亡时的状态，是对使命完成状况的忠实反映。死亡的时候是心平气和、无怨无悔，还是痛苦万分、无比自责，就看这一生是不是做了自己该做的事，是不是完成了自己的使命，尽到了自己的责任。

"人生目标就是活着"与"活着是为了更高的人生目标"，这是两种不同的人生。像王阳明的"成圣成贤"，岳飞的"精忠报国"，玄奘法师的"远绍如来，近光遗法"，周恩来的"为中华之崛起而读书"等，他们都是知道这一生该怎么活的人。觉悟人生的使命和责任是非常重要的事；至于生命的长度，随缘就好。

为何说开启自己的智慧，才能大气磅礴？

如何开启自己的智慧？这是一个困惑很多人的问题，中华文化对此有很多论述。儒释道皆认为，人人本具智慧，人人都有判断和抉择的能力，不过大都在滚滚红尘中把自己内在的智慧蒙蔽掉了，结果逐欲蒙尘，步入歧途，在追名逐利中迷失人生方向。因此，学道不是得到了什么，恰恰是放下了什么。只有内心澄明，才能乾坤朗照。

人类历史上伟大的哲人，大都是擦亮心中明镜的人，能够朗照乾坤。这些人，是我们学习的榜样。

从圣人和历代大德高僧的一生中，我们懂得了什么叫慈悲。历代圣贤，都是志大愿坚，悲心深切，为解脱大众的苦难，而不惜肝脑涂地，甚至赴汤蹈火，正是这些人成为人类文明的典范和精神旗帜。我们学习历代圣贤，就是要做一个奉献的人，正是在奉献的过程中，才实现了人生的价值。

从历代圣贤的一生看，他们在反求诸己的内求中，不断自我超越，最后道心呈现，人心消泯，从心所欲，得大自在。真正的大丈夫，不是征服别人，而是征服自己，不做欲望的奴隶。相反，那些玩弄别人于掌股之上的人，无一不是败给自己的弱点。

历代的圣贤启发我们，天网恢恢，疏而不漏，因果相续也。种如是因，得如是果，任何人的一生，都是自己把握，自己为自己负责。因此，每个人都不要怨天尤人，更不可迷信膜拜，而是命自我立，福自己求。

圣贤启示我们，万法由因缘生，亦随因缘灭。做任何事情，都是各种条件的相互作用，因此大家永远不要高估自己，而是要谦卑待人，认识到自己的人生得益于很多人的成全，要永怀感恩之心。对圣贤、父母家人、师长朋友、国家社会，乃至对众生，都要有一份发自内心的敬意。

以上都是历史上的觉悟者昭示给我们的人生感悟，只要我们能身体力行地去做，一定会广结善缘，在利益大众的时候，成就自己。

我们如何正确地看问题？

看世界，要有正确的思维方式，如果看世界的思维方式不对，就不会得出正确结论。

第一，事实认定一定要先于价值判断。凡事，在不清楚是什么样的情况下，不要轻易下结论说好不好。很多人往往在搞不清事实的时候，就情绪化，甚至恶语相加，这是没有修养的表现。任何时候，都要耐心倾听，首先搞清事实。一句话，尽可能全方位了解情况，是正确认识和判断的基础。

第二，做任何事，都要在因上下功夫，至于结果，顺其自然。凡事有因有果；这就是《大学》里说的"物有本末，事有始终"。比如，很多大学生希望自己有尊严，有地位，收入好，生活体面。实际上这是果，我们要问的是一个人怎样才能得到这些，这才是之所以成功的根本。任何一个人的成功，都不是空中楼阁，而是实力提高到一定程度，为社会服务到一定程度自然而然的回报。一句话，我们有多大能力为社会服务，给别人创造了多少价值，就会有多大的成功。罗马不是一天建成的，那种急功近利的妄想，白白增添怨气和痛苦，没有任何实际的意义。

第三，我们要站在真理的角度，把是不是符合真理和"道"作为我们判断是非的依据。以真理作为判断是非曲直的标准，才能减少迷信与盲从，提升自己的觉悟与智慧。

第四，思考问题离不开特定的立场与价值观。文化兴，国运兴，国泰才能民安，爱自己的国家与文化，是国人天然的责任。

为什么不能怨天尤人？

我有一个学生，在北京比较繁华的地段工作，周边成功人士很多。在日常的交往中，他发现这样的问题：一般而言，越是有身份、收入高的人，看问题往往越平和。他们有理想，更愿意以自己的努力融入社会，力所能及地影响社会，即便是遇到问题，也多半能从自己的身上找原因，能够正面积极地分析问题、理解问题。相反，那些生活不如意的人，却总是怨天尤人，仿佛他的落魄都是社会、政府、他人导致的，与自己无关。这虽然不是一个绝对的结论，却值得我们深思。

初看起来，似乎是基层的社会问题比较多，但其实更深刻的原因在于，一个人如何看待世界，就会有什么样的人生局面。你眼中的世界，取决于你的视角和格局。

抱怨社会，指责别人，推诿责任，对自己没有任何的好处，其实也是对自己能力不足的一种逃避。只有积极地改进自己，发展自己，通过自己的努力影响社会，让我们的国家越来越好，才是人生的正途。

怎样才算圆融地看世界？

真理是揭示世界的实相，而人们的认识由于受到各种制约，则往往只看到世界的一部分。如果这个时候，人们能够谦卑、反省，就会不断进步，也避免了僵化和刚愎自用的弊病。可是现实中人们却常常自以为发现了真理，看到了事情的全部，不仅自负，还会产生很多无谓的争论和冲突。

《华严经》说"圆融无碍"，指能够圆融地看世界，有包容能力，有接纳能力，不盲目反对和排斥，并能够将各种道理融会贯通。既能在特定的时空背景下理清是非，又可以超越特定的历史环境更高远地看问题，避免沉陷于特定环境的是是非非。这是一个真正通达的人才能达到的境界。

可现实中我们却发现人生面临很多冲突，无法达到"圆融"的状态。其原因何在呢？当人们陷于盲人摸象的境地，执着于一孔之见时，以偏见攻击偏见，以无知指责无知，结果自然是冲突纷纷。而那些真正的大觉者，看到了世界的真实面目，觉悟的是真理，再反观世界时，时事纷纭，各有因缘，各有道理，自然是圆融无碍。所以，如果有碍，并非世界本来如此，而是自己的心智未曾打开。

怎样理解国无德不兴，人无德不立？

国无德不兴，人无德不立。一个国家，一个单位，所有制度的建立和有效运行，都是建立在德行的根基上。一个没有德行的人，也不会是一个良好的守法者。一个人所有的伟业，都是德行根基上自然生发的果实。

德行其实就是无我和利他。一个人一旦能够无我，自然周遍圆融，处处成全他人。现实的制度和法律，更多的是人行为的底线。底线不是一个社会提倡的首要价值，如同不要贪污是官员的底线，但我们倡导的不仅是官员不要贪污，而且是希望官员能够真正为官一任，造福一方。因此，底线固然重要，但社会引导的方向是厚德载物，造福一方。

国家厚植民众的德行，才有万古长青的伟业。个人培植德行的地基，才能盖起人生的高楼。

好人没有好报吗？

有一次上课，一个学生问我："老师，为何好人没有好报？"我问他："你为什么得出这样幼稚的结论？"他给我讲了一个关于他父亲的故事。

这个学生的家在贵州，父亲经商，有一次不慎被骗，货款全部被骗走，骗子逃之夭夭，报案后正在追查此事。于是这个学生抱怨：像他爸爸这样老实可靠的人，却落得一个被骗的结局，这不正是好人没好报的证明吗？

我想很多人也有这样的困惑，看看身边，似乎时有发生好人生活不好的例子，我们不免产生好人没有好报的困惑。这当然是一种谬论，需要把道理给大家说清楚。

我问那个学生："你爸爸的理想是什么？"孩子回答："成为企业家。"我又问："成为企业家的条件是什么？"这个学生一时不知道如何回答。我告诉他："要想成为出色的企业家，必须是一个有德行的人，不坑蒙拐骗，不以次充好，有社会责任；同时，一个出色的企业家必须有智慧，能够有效地处理企业发展过程中面临的各种问题；一个出色的企业家要能够处理好各种社会关系，有识人之明……这些条件缺一不可，否则就不可能成为真正的企业家。对比一下，你的爸爸如何？"

这个学生马上得出结论：他的爸爸除了人品好之外，其他的能力都还比较欠缺。所以，结论非常清楚了：根本不是好人没有好报，而是仅仅做一个好人还不够，还需要其他的很多能力。这个孩子的爸爸，之所以被骗，说明除了做一个好人之外，还需要培养识人之明，培养应对各种社会关系的能力等。一句话，要想做一番事业，仅仅做一个好人还不够，还需要其他很多能力的培养。要做一个智慧的好人，不仅人品好，还能做成一番利国利民的事业，这才是我们的目标。

为什么说有道德的人才真正有智慧?

真正有道德的人,能够做出正确的选择。有道德的人,对于什么该做、什么不应该做、什么必须做、什么一定不可以做等,都有清醒的认识,并能够做出正确的判断和抉择。一句话,真正有道德的人,不仅表现为正确的道德判断,更表现为正确的道德选择和有效的自我管理,是道德认知和道德践行相结合的人。

真正有智慧的人,能够看清楚事情的前因后果、来龙去脉,能够超越一叶障目的局限,看到事情的整体和大观,从而做出最有利于自身和大家的认识和抉择。如果一个人做出的选择,只是对自己有利,甚至触碰法律的底线让自己身陷囹圄,这就不是真正的智慧,而是人们所谓的"小聪明"。真正有智慧的人,在事情开始的时候,就能够预见到结果,能够恰当地处理个人和大家以及外在环境的关系,从而真正做到大家好才是真的好。

因此,真正有道德的人,所做出的正确选择和判断,才是真正有智慧的表现。反过来,一个真正有智慧的人,所做出的选择必然是对大家都好,也必然符合道德的标准。

有正确的道德认知和道德选择,并能有效管理自己的人,才是真正有智慧的人。反过来,任何不道德的言行,最终必然伤害自己,当然也是缺少智慧的表现。

说得好与做得好有什么区别?

现在社会上流行"我是演说家"之类的节目,我不由得想起孔子的话:"巧言令色,鲜矣仁。"意思是一个能说会道的人,很少有德行敦厚者。

能说会道，一般人认为是优点，但孔子为什么这样说？这自然有他的观察。有些能言善辩的人，往往在利益的驱动下，朝着有利于自己的方向说，虽然天花乱坠，巧舌如簧，但华丽辞藻的背后不过是伪装和欺骗，不过是为了自己的利益而涂脂抹粉。所以，真正的演说家应该是德行厚重，思想深刻，知行合一，在这个基础上如果表达能力超群，讲得花雨缤纷，沁人心扉，岂不是锦上添花？

我们应该注重表达能力的提升，但更要注重表达的内容是否深刻，能否知行合一，是否让人的心灵得到启迪，而不单单是表达的技巧。

按中华文化的说法，好的表达能力，是一个人几世的修为。懂得这个道理，就要好好珍惜这个能力，多讲好东西，利益大众，引人向善，让人心胸开阔，这样对听众好，对自己好，对社会好，而绝不是为了炫耀什么口技。

为什么说上善若水，要向水学习？

有一年的国家公务员考试，申论的题目是"我们向水学什么"，这是一个很典型的有中国哲学意蕴的题目。《道德经》说："上善若水，水利万物而不争。"孔子、孟子也多次赞扬或者感慨观水带给自己的智慧启迪。

观水而学智慧，具体说来：

（1）水能滋润万物，润物细无声，这就是对别人的成全。

（2）水流向低处，虚怀若谷，善于学习，待人谦和。

（3）水流满一个地方，再流向其他地方，表现了做事持之以恒。

（4）大江之水，逝者如斯夫，说明人生要自强不息。

（5）水能装在任何容器里，说明做人要随遇而安，君子务本，给什么样的机会都要好好珍惜，切不要怨天尤人。

（6）水在万丈悬崖，勇敢地流下去，这是人生的大勇。

诸如此类，不胜枚举。希望年轻人学点厚重的中华文化，拥有更大的智慧看世界，拥有更大的胸怀看人生，而且还能考出更好的成绩。

得到与奉献的关系是怎样的？

世界的规律，有本有末，有先有后。没有奉献在先，就谈不上什么得到。

人生的得到和付出，有一个因果的关系。给社会创造多大的价值，就会得到多大的认可和尊重。给别人创造多大的价值，就会有多少收入和回报。所以，一个人如果想得到更多的福报，就要更多地付出。我们常说吃亏是福，实际上是说当我们更多地奉献时，就是在累积自己的福报。福报不一定用钱表示出来，有的是社会地位，有的是社会尊重，有的是人生好运气等。懂得了这个道理，我们就会珍惜奉献的机会，因为只有点点滴滴的奉献，才有人生的春暖花开，才能得到别人的尊重和认可。

奉献是"因"，得到是"果"。明白了这个道理，我们切忌急功近利，而是努力提升实力，多为大众奉献，在这个过程中得到更多的认可。

"深心才可成就"的含义是什么？

《楞严经》说："将此深心奉尘刹，实则名为报佛恩。"一个人为人做事，不要浮光掠影，而应该有一颗深心，从内心深处有触动，从内心深处发愿力，点点滴滴地笃行，将心制于一处，念兹在兹，必有所成。

对父母有深心，必行大孝；对朋友有深心，必诚心诚意地成全；对工作有深心，必刻苦钻研；对人生的使命有深心，必肝脑涂地地付出。做人，真用心了，才会培养良好品格；做事，真用心了，才会风生水起；人生的秘密即在心法，在如何用心。

怎样超越"天刑"真正升华？

庄子在他的书里谈到天刑的问题，仔细品味，发人深省。我们每一个人出生在特定的时空，有特定的因缘和家庭，势必打上各自的局限。在这些局限中，有人性的局限，比如喜欢饮食男女，喜欢虚荣攀比，喜欢权力和金钱、美色等，这是每一个人的"天刑"，是制约我们发展的根本障碍。很多人英明一世，但往往身死人手而被天下笑，原因何在？究其根源，都是败在人性的弱点上，也正是基于这样的体悟，夫子才说"无欲则刚"。

另一方面的局限与环境有关。我们在特定的时空环境中成长，也必然打上这个时空环境的烙印，这也是制约我们发展的重要障碍，某种程度上也是我们的"天刑"。比如，有的人在烈火纷飞的革命战争环境成长起来，学会如何斗争是在这种环境必须掌握的生存之道。不管你的主张多么高尚伟大，如果在激烈冲突的环境里不会斗争，最终只能被历史所淹没。可是当革命战争作为一个阶段过去了，迎来了和平发展的新环境，这个时候，一个人能否超越血腥战争环境加在他身上的"斗争痕迹"，而学会在和平的环境里如何发展，这就看他能否超越"天刑"了。

《道德经》说："以奇用兵，以正治国，以无事取天下。"这看似很简单的几句话，其实包含了极大的智慧。在用兵的时候，固然需要讲"奇"，我们称之为"出奇制胜"；但是到了治国的环境里，切不要搞阴谋诡计，而是要树立堂堂正正的价值观，正大光明，引导民众培育浩然之气，只有这样社会才能充满正气，人民的生活才能安定团结，井然有序。可是，真正实现这个转变非常不易，因为人总有习惯性思维。要超越自身的"天刑"，需要极大的智慧、反省能力和超越自己的勇气。

我们常说大智大勇，真正的大智，是对自己的清醒认识，是自知之明，认识到自己的各种弱点——"天刑"，这就是《道德经》说的"知人者智，自知者明"；真正的大勇，是在认识自己弱点的基础上，真正果敢地超越自己，升华自己，这其实就是真正的修行。

道家说逆为仙，顺为凡，其实也是此意。顺着自己的弱点，看似享受，实则万劫不复。超越自己的弱点，看似痛苦，实则凤凰涅槃。何去何从？在于自己觉悟到什么程度，走什么样的人生道路。

人人都可以做菩萨精神的践行者吗？

观世音菩萨的圣号，无论是在中国的历史上，还是现实老百姓的心里，都可以说广为人知。观世音菩萨所体现的大慈大悲、救苦救难精神，深入人心。可是如果我们继续追问观世音菩萨的精神如何传承？恐怕就不是一般老百姓所能回答的了。

比如，如果下了大雨，发生了灾难，我们如何赈济灾民？这个时候是自己跪在地上祈祷菩萨驾着祥云施展神通？还是马上奋不顾身去救苦救难？答案非常清楚，我们绝不能贻误时机，要立刻行动，力所能及地救人助人。

那么，菩萨在哪里？其实不在别处，就在每一个奋不顾身的施救者身上。那些在生活中任劳任怨、甘于奉献而为大众服务的人，就是菩萨精神的化身和代表。再比如面对近代中国的苦难，列强凌辱，人为刀俎，我为鱼肉，我们仅仅哀求和祈祷就会让列强离开中国吗？绝不会。只有中国人真正团结起来，为了国家的独立和人民的尊严而置生死于度外，才能赶走侵略者，为人民赢得尊严和自由。面对近代的深重灾难，菩萨在哪里？就在谭嗣同、孙中山、毛泽东、周恩来等一代又一代为民族尊严打拼的志士仁人身上。

圣贤早已经把这些道理领悟清楚了，因此孔子特别告诫我们"敬鬼神而远之"，因为"天行健，君子以自强不息"。一个人，一个民族，千万不要迷信，不要陷入盲目的迷信和狂热的崇拜，不要以为神秘的外部力量可以决定我们的命运。人类的命运，个人的命运，归根结底都在自己身上，这就是《诗经》说的"永言配命，自求多福"。每一个人，每一个民族，都是种什么因，收什么果，而不是通过搞迷信崇拜来改变命运。有了这个觉悟，我们对佛菩萨和圣贤的精神和智慧就有了更深刻的理解：历代圣贤都是把这个因果的秘密告诉我们，历代圣贤都是以无我利他的无私精神教育我们，然后引导我们堂堂正正做人，种好因，收善果，自己改变自己的命运。

对于圣贤大哲，我们当然要尊重和礼敬，更要真诚地学习，然后把慈悲、奉献的精神继承下来，自己做圣贤精神的传人，而不是推卸责任，更不可怨天尤人。有了这样的体会，人人放下抱怨，负起责任，人人尽心，家庭会振兴，单位会进步，社会更会生机勃勃。只有人人学菩萨，人人做菩萨，才有大同社会，才有人间的净土。当然，我们做一件好事，不意味着就达到了菩萨的境界，但学习和传承菩萨精神，应该成为我们努力的方向。

大家读孟子的书，可知为什么孟子说"五百年必有王者兴……舍我其谁"？其根本的用意就是告诫我们圣贤的精神不在别处，就在我们身上，我们必须一肩担起，责无旁贷。为什么孔子说"我欲仁，斯仁至矣"？夫子明白地告诉我们，一个人的超越和升华，根本不可能依靠别人，全在自己的愿力和努力，而不是依靠外部的神秘力量。

观世音菩萨在何处？谁传承和践行观世音菩萨的精神，谁就是观世音菩萨的代表和化身。

人人观世音，天下才大同。

为什么说懂得感恩是人生必要的素养？

大家是否想过：在我们成长的道路上有多少人帮助过我们？我们是否懂得感恩？我看到社会上有些学生不尊重老师，甚至有殴打老师的恶劣行为，也有孩子殴打父母，甚至伤害父母，这更是天理不容。很多老师都是牺牲陪伴自己孩子的时间，给学生上课，我们有什么理由不尊重老师？尊师重道，是中华民族的优良传统，因为文化的传承、追求真理精神的传承，都是靠真正的师者。

在我们成长的过程中，父母养育了我们的生命，老师传授了我们文化和智慧，国家给了我们和平和安宁，这都是需要深切感恩的对象。我们孝敬父母，让抚育我们长大的双亲安度晚年，老有所依；我们尊敬师长、学习圣贤智慧，把中华文化的精粹传承和践行下来，不辜负列祖列宗；我们爱自己的国家，希望国家兴旺发达，力所能及地为国家服务、为人民服务，这是一个公民对国家的责任。

有了感恩之心，我们才懂得珍惜，才懂得奉献，才能培养优良品质，才能得到别人的信任，才能厚德载物。

"舍与得"意味着什么？

任何一个选择所引发的后果都是多重的，这就需要我们既能看到其中的得，也看到其中的失。所谓花好月圆，不过是文学的理想；有得有失，才是人生的常态。智者说"凡夫求全，圣人求缺"，意思是智慧不够的人，总想着完美，而真正有智慧的人则知道求的是什么，必须舍的是什么，而不会求全责备。

我接触到这样一则咨询：有一个女孩，家庭经济条件比较优越，长到十岁的时候，爸爸妈妈又生了男孩。自从有了弟弟之后，女孩觉得爸爸妈妈对她的爱少了，等到长大一点，更发现弟弟是将来家庭财产最大的受益者，于是这个女孩对自己的弟弟特别有敌意。这个女孩想：如果没有弟弟，爸爸妈妈的爱只给她，财产也只由她来继承。有了这样自私的心理，家庭越来越不和谐，冲突越来越多，最终家里的混乱不可收拾。

这一切问题的原因又在何处呢？其实，这看似利益分配问题，但根子还在价值观上，还在一个人怎样看待问题上。

如果爸妈只有一个女儿，可能全部的爱都放在女儿身上。弟弟出生了，自然会分去一部分爱，可是这个姑娘是否想过：正是弟弟的存在，使得自己在这个世界上多了一个和自己血脉相连的亲人，多了一个至亲，多了一份温暖和依靠，这本来是求不来的好事，可是因为这个女孩的胸怀和眼光不够开阔，这反而成了烦恼的根源。

很多人也有这样的问题，总想花好月圆，却不懂得在得到与失去之间，做好心理的预期和平衡。有的人做了公务员，却抱怨自由不够；有的人做了大学老师，却羡慕权力的光环；有的人身处山清水秀之中，却觉得现代化程度不够；也有的人在大都市里生活，却时常抱怨房价和雾霾……希望所有的好事都来到自己身边，无边欲海，求全责备，结果只能是庸人自扰。

任何一个选择，皆有得失，关键是明白自己追求的是什么，必须放弃什么。如果懂得这个道理，做人切莫妄求，有得的时候，不要志得意满，骄横猖狂，而要谦卑随和，尊敬他人；失去时，也不要垂头丧气，怨天尤人，因为山重水复，往往是转折的时候。因为月圆即缺，月亏即圆。

为什么说修行在生活中？

我见过很多有信仰的人，特别注重形式，其实，真正的修为却在实际的日常生活中。

有的人稍微不满意，就会发雷霆之怒，出口伤人，把别人对自己的好感一烧而尽，事后追悔莫及，这是缺少修养的表现之一；有的人在和别人打交道时，处处不忘记算计利益，一切以自我为中心，慈悲仁爱都是在装点自己的门面；有的人遇到一点委屈，就睚眦必报，什么宽容待人、与人为善，早已经飞到九霄云外。

诚然，我们都是有各种缺点的人，但正因为如此，才要在日常生活中历练自己。一个人的修为，不在于形式上膜拜什么，而是看自己的内心，是否能够不断地自我净化，听取他人的批评，反省自己的弱点；是否能够与人为善，设身处地地替别人着想；是否能够面对各种考验处变不惊，放下偏见，从容中道。

如果把成功视为平日修为的结果，挫折则是对自己善意的提醒，我们只有真诚地在挫折中反思自己，才能走在成长的路上。

要在我们的心中点一盏觉悟的灯，不仅照亮人生前行的路，也不断地照亮自己的心灵，永远不断地反省和学习，点点滴滴，成就圆满觉悟的路。

为什么说领悟真理是殊途同归？

宇宙大道和真相只是一个，不同的人各有所悟，于是有了各家纷争。佛法的智慧是圆融各家，但释迦牟尼涅槃后，大乘小乘之争迭出。孔子之教只有一个，但夫子去世后，儒分八派。老子大智，后世的道家修炼也是派别林立。

其实，大家都不要固执己见，更不要以为自己就是绝对真理，而要好好领会"盲人摸象"的故事，既看清自己，也能看到别人的价值。对于不同的文化形态，各家圣人各有大智慧，应互相赞叹、尊重和学习，这就是孔子所说的"三人行，必有我师焉"，"君子和而不同"。

世间与出世间的关系是什么?

关于世间和出世间的关系,对于理解中华文化的重要组成部分——佛学的意旨,意义重大。

有人说佛学是消极的,是出世间的法,还以《金刚经》末尾的一首诗为例:"一切有为法,如梦幻泡影,如露亦如电,应做如是观。"认为这是佛学消极的例证,实则大谬。

在佛学看来,我们生活的世间万物,哪一个不是转瞬即逝?不过是时间有长有短罢了。不仅财名利禄,地位权势,就是地球、太阳,也是有生有灭的。而很多人不明白这个道理,终身苦苦追求功名利禄,到头来都是梦幻泡影。因此,佛学告诉我们要追求真正值得追求的东西,追求永恒的意义和价值。

这个永恒的意义和价值,就是我们生命的究竟和本源。佛学认为,人人都有圆融的智慧,都有觉悟人生究竟的能力,可是无始以来,由于人们对外在的追逐,而迷失了生命自觉的能力。因此,佛学告诉我们不要沉迷于对世间万象的迷恋,而要追求人生终极意义,觉悟出世间的真相。可是,我们不禁要问:我们怎样才能领悟世界的真相呢?

佛学认为,世间万象,虽不真实,但却是宇宙真相的一种表现,我们不可能离开宇宙万象理解人生和宇宙的真相。好比说,面条、馒头是面做的,但它们又不是面本身。我们在认识面的时候,不可能离开面条、馒头等面的表现来认识面。因此,我们正是在与世间打交道的过程中,领悟出世间的真理,实现对人生和宇宙的彻悟。

《华严经·普贤菩萨行愿品》中说:一切佛菩萨,都是把众生当根叶,把佛菩萨视为华果,这些觉悟者正是在给众生当牛当马的过程中,超越了自身所有的贪嗔痴等缺点,从而实现生命的圆满和超越。由此,我们可以得出，佛学绝不是消极的，而是主张世出世间的圆融，正是在世间为大众的奉献中，超越对世间的贪爱和执着，证出生命的究竟和宇宙的实相。

所以我们也能够更好地理解南怀瑾先生的一段自述：他听说禅宗的六度波罗蜜之后，坚持布施、持戒、忍辱、禅定、精进、般若等，不断地自我提升，等有一天忽然自觉：他所有看似给众生服务的努力，实则是在超越自己。看似成全别人，实则也是成全自己。

对于世出世间的关系，借用惠能大师的话："佛法在世间，不离世间觉。"真正的人生觉悟，绝不是逃避责任，远离世间的担当。恰恰相反，任何一个追求圆满觉悟的人，正是在给众生做牛马、利益社会的过程中，才能真正实现生命的圆满和超越。

佛学不仅不消极，而且是主张放下自我之后，真正像莲花一样，在世间的奉献中，体现出莲花的清香和圣洁。就我们每一个人而言，都有各自的缺点，虽然很难达到这样的境界，却应该致敬这些觉悟者，力所能及地学习这种精神。

为什么观于沧海者，难为水？

工作的这些年，我接触的人越多，越感觉到自己的浅薄和无知。曾有机会听别人讲中医、禅宗、易经等中华文化，深感自己懂得太少。孟子说："观于海者，难为水；游于圣人之门，难为言。"我有机缘见到很多优秀的人、善良的人、有大智慧的人，他们都是我学习的榜样，我内心非常崇敬和仰慕，希望有缘多向先进学习。越是见过大海的人，越知道自己的水塘多么渺小。

有些人很自负，就像井底之蛙，每天看到的只是井口上方的几颗星星，这时，你如果跟他说烟波浩渺的宇宙，自然会遭到他的嘲笑和讥讽。这就是庄子所言："井蛙不可以语于海者，拘于虚也；夏虫不可以语于冰者，笃于时也；曲士不可以语于道者，束于教也。"

为什么因果是宇宙运行的法则？

《道德经》说："天网恢恢，疏而不漏。"有人说未必如此，比如有的人犯了罪，却没有抓到他，天网怎么可能是疏而不漏呢？我告诉这个人：一个人犯罪了而没有被抓到，这是逃脱了人网，但天网无处可逃，这个天网就是因果。一个人可以逃脱法律的制裁，但惶惶不可终日的惊恐，就是必须承受的果报。

关于因果规则，也有人提出了疑惑：有的人很善良，却得了严重的疾病，有的人做人不怎么好，身体却是好好的，于是对因果产生了疑惑。其实，这也并未违背因果规则。

一个人平时与人为善，种了善良的因，必然得广结善缘的果，当身体不好的时候，大家都很心疼，这即是善有善报。但如果这个善良的人不注重平时的身体护养，不从饮食、习惯、心情等方面种健康的因，恐怕日积月累到一定程度，也会生病。一句话，一个人种健康的因，才收健康的果，否则单凭待人很善良，不一定身体很健康。自然科学很大程度上就是在研究世界的因果规律，因和果是对应的关系，做人的好坏与健康并不是直接的因果关系。

因此，希望所有与人为善、心地光亮的人，也能够注意自己的身体，心情豁达，建立良好的生活方式，饮食有规律，不要暴饮暴食，多吃五谷杂粮，这样就可以做一个既善良又健康长寿的人。

净化心灵，为什么是人生的永恒主题？

佛学中的大乘，就是承载更多的人一起觉悟。佛家的思想，就是引导人们改变自己的命运。所谓受戒，其实是一种人生的自觉状态，该做什么、不该做什么，都要自己约束自己。

修行要有快乐的状态，那是内心拥有智慧之后的欢喜和轻安。一个修行的人，心定依靠正法。真正的快乐，不是心灵的大起大落，而是一种开启智慧后自然升起的平静。学佛的人，学的是经律论，得到的是戒定慧。

心里面隐藏着人生的各种通道，有的通向觉悟，有的通向地狱。修道是一个做减法的过程，一直减到月明风清，心无挂碍，这就超越了世间的欲求。

圆融自在的生命，要摆脱一切的依赖和粘连，在随缘来去的风景中，看潮起潮落。

没有福德和智慧的积累，再好的机会都是梦幻泡影。

修行不是轰轰烈烈的过程，而是在点点滴滴的小事中体察一个人的心性。修一颗利他无我的心，坚持利益他人的行动，这就是修行。

从刻意地做好人，到自然而然地利他，这是德行上的升华。

每一幕戏剧，都是人生的示现。看每一个剧情，都是在更好地读懂人生。每一个阅历，都是对人生的领悟，每一份感悟，都是奉献社会、随缘度人的资粮。

有人问我《金刚经》的重点，以我的浅薄学问所感，在于积德破相，降伏自心，破文字的执着以悟实相。

任何人，不可能凭借少量福德资粮而有大成就。所谓因缘际会，所谓众缘和合，都是无量的善念和福德累积的善果，非人力妄求可得。

奉献即是福报，福德即是智慧。以无所求的心，培养无量的福德，在辛苦操劳的奉献中生发真正的大智慧。谁做到，谁得道，谁奉献，谁拥有。

所谓加持，是世界的平衡，也是宇宙的因果。多大的奉献，多大的回馈，多大的辛苦，多大的得到。

天之道，损有余而奉不足。天道的运行，是让有余的人去帮助不足的人。领悟了这个道理，我们就知道财富是帮助别人的工具，智慧是开启大众心田的花雨。一心为大家着想的人，学佛佛成，学道道成。人生就是在奉献中实现自我的升华。

世事从来不会如我们所愿，委屈是培养自己的忍辱，名为忍辱，实无所忍。

形式是给人看的，修行的关键在于心念的修炼。遇事立刻自我觉照，有障碍反求诸己，千锤百炼，修习一颗无我的心、利他的心、清净的心、广大的心，必有成就。

随缘为什么是大智慧？

"随缘"是大家常说的话，"随缘"背后是大智慧。

人生之中，有很多机缘并非我们可以掌控，这个时候，面对人生种种不期而遇，我们如何应对？如何安心？这是人生的必修课。

所谓随缘，就是去掉"我执"，或者让"我执"处在很微弱的状态。不会人为地强求什么，不要遇到什么问题就认为我希望怎么样怎么样，要做好该做的事，认认真真，究竟结果如何，遇到什么，都能坦然，永远在力所能及的情况下，做好自己的本分。

可现实中，我们大都带着一个"我"来思考，主观地希望这样，不希望那样。遇到符合自己期待的境遇，就会喜上眉梢，遇到不如意的事，脸上就阴云密布，怨天尤人。这样，不仅容易心情起伏，而且也容易把事情办砸。

世界的因缘都是众缘和合，不管自己能力多大，权势多大，都不能够掌控所有方面。因此，少一些以自我为中心的狂妄和主观，多一些"无我"的智慧和通达，得失也好，顺逆也好，也无风雨也无晴，总是积极乐观，总是尽心尽力，用孔子的话说，即便是"知其不可"，但只要是需要自己努力，都要坦然处之。有了这份随缘、无我的心，何处不是明月清风？

为什么说教育，就是点一盏心灯？

《六祖坛经》记载了禅宗六祖惠能大师悟道后给五祖弘忍大师说的话：迷的时候师度，悟的时候自度。此话大有深意。

人人皆有佛性，何处成佛？自性悟，则可成佛做祖，如自性迷，无人奈其何。因此，无论是学儒、学道、学佛，其要义是唤醒自性的光亮，从而走在觉悟的路上。所谓教育，也是点一盏心灯，照亮人生觉悟的道路。

禅宗公案，千说万说，棒打捻喝，无非是唤醒自己做自己的主人翁。

点亮觉醒的心灯，尽管也会犯错，也会在狂风骤雨的时候，随风摇曳，但只要这一盏心灯在，人生的路就不会迷失，就会一点一点走向彻底觉悟的路。

什么是智慧？

做一个有智慧的人，是很多人的愿望，可智慧是什么，却众说纷纭，莫衷一是。

智慧其实就是看清楚世界的真实状态，并找到自己适宜的位置，开启自身的灵性宝藏。

当我们看到世界的一个片段、一个幻影，就以为是真理，而且强烈地自我执着，这就不是智慧。智慧是全面真实地看到了世界的真貌。中国共产党搞革命时，留苏学生一直希望套用苏联的做法，结果带来严重的危害，毛泽东看清楚中国的实际，采取了符合中国实际的做法，革命才获得了成功。

世界的沧海桑田，人生的白云苍狗，看似变幻莫测，背后实则有一个铁律：那就是因果和缘起，都是各种条件具备了就会发生，条件不具备就不会发生。人生懂得了这个道理，就会在因上注意，种什么因，收什么果。凡事，希望什么，就创造什么条件，不做无谓的妄想，只是踏踏实实地努力。

一个看到世界实相的人，就会调整行为。比如，人与人的关系，是彼此能量的相互影响。成全别人，就是成全自己，与人方便，就是与己方便；否则如《道德经》所言，经常耍斧子的人，没有不伤到自己的，玩火自焚的事情，历史上比比皆是。

因此，有智慧的人，必是追求美德的人，在处理人与人的关系时，一定会与人为善，广结善缘；处理人与自然的关系时，必是爱护自然，休戚与共。

在具体做事的时候，看清楚真实状况，就会知道自己的位置在哪里，自己该做什么，不该做什么，有恰当的期待，而不会进退失据，心智错乱。

在如何获得智慧的问题上，中国佛教文化有三个字：戒、定、慧。一个人只有懂得并做到了有所为有所不为，才能保持定力。否则这也想要，那也想要，面临诱惑，心猿意马，根本不会有什么定力。当一个人有了定力，心灵的湖水平静，自然可以千江有水千江月，万里无云万里天。在有定力的时候，智慧才能显现，才能做出正确的分析和决策。

简言之，智慧就是看到世界和人生的真实，从而知道自己该怎么做，该怎么期待。该怎么做，关系人生的使命和功业；该怎么期待，关系人生是否欢喜和自在。

为什么真正为他人着想的人，才是有智慧的人？

人们在谈如何做人的时候，大都会说要有底线和操守，一定要与人为善、广结善缘，但实际上有些人要么把这些话当作装点门面的客套话，要么认为傻子才会那样做，仿佛口是心非才是聪明，虚伪客套才是智慧，其实大错特错。

从长远看，捧着良心做事，真正为他人着想，这是最有智慧的人。任何一个企业，如果被金钱蒙蔽了良知，被利益模糊了操守，浮云暗淡了初心，就已经埋下了祸根，最终企业必然走向衰败，甚至违法乱纪。在技术越来越先进、监管越来越严密的情况下，其中不可告人的交易，恐怕很难蒙混过关，曾经躲在灯光下数人民币的一些人，恐怕在劫难逃。

任何自以为是的聪明，都要在某个时候承担代价。小一点，所有奋斗的成果，一夜之间灰飞烟火；大一点，不免牢狱之灾，甚至家破人亡。我们人人都有各种弱点，所以才要时时反省自己，真心地学习圣贤，力所能及地从点滴做起，这样的一生踏踏实实，于自己、于家庭、于社会，都有所利益，皆大欢喜。

究竟谁能让自己幸福？

孝顺的孩子，会和妈妈说："我要用自己的努力，让爸爸妈妈幸福。"这当然孝心可嘉，可现实呢？很多孩子，非常优秀，事业发达，但他们的父母却被丢在家里孤苦终老。也有一些孩子，只是平凡人，却留在父母身边，孝敬父母，家庭却其乐融融。

细想一想，谁能让我们幸福呢？只有自己让自己幸福。幸福，不仅需要外在的条件，也需要感受幸福的内在能力。同样的处境，有的人生发出豪气干云，有的则是悲观失望。因此，人生的幸福，不是别人的给予，而是自我心智的展现。一个真正有智慧的人，一个豁达、宽容、超拔、乐善好施的人，无论遇到什么处境，都能积极正面地去看，都能找到让自己幸福的支点。一句话，要有幸福的人生，先要有配得上感受幸福的智慧和心境。

这也是我这些年一直提倡读圣贤书的原因。佛陀、老子、庄子、孔子、孟子等历代圣贤，都是人类智慧的集大成者，我们要仔细阅读认真体悟，才会让自己有不一样的心胸和智慧，才能让自己在纷纭的世界里，有一双慧眼和通达的心境。

经济形势不好的时候，企业家如何自处？

我们讲道法自然，是说任何事情都有它自己的运行轨迹，我们不要以自己的主观愿望来扭曲事物发展的客观趋势，否则，必然遭受规律的惩罚。

当前，旧的发展模式必须转型，而经济新常态的形成则有一个过程。在运势低迷的时候，大家难免焦虑，于是出现了各种盲目的投资，结果由于大形势不好，导致仅有的一点积蓄也打了水漂。大家读《周易》的六十四卦，剥卦之后就是复卦，言外之意就是对经济的下滑和转型不要太焦虑，经济调整到一定程度，必然会带来新的一轮腾飞。复卦之后是无妄卦，无妄卦之后是大蓄。这启示我们，在经济形势不好的时候，不要有那么多的妄求，而是要沉下心来提高自己，积蓄能量，等到有机会的时候再振翅高飞。经济形势不好的时候，往往不是盲目投资的时候，而是读书沉淀的时候。

对于人类社会的发展而言，经济调整是正常的社会现象，正是在这个沉淀的过程中，新的经济形态在孕育萌发。大家在这个时候认真地反思自己的问题，明确哪些需要改进，不断地提高自己的智慧和德性，只有这样才能在迎风飞起的时候，越飞越高。

为什么人生的层次有高有低？

我经常乘坐航班出行。偶尔会透过飞机的舷窗，看天空层叠飞过的云朵。见的次数多了，我也发现了一些规律性的东西。

那些浓重的云朵，一团一团凝聚在一起，一般的高度都比较低，飞机可以在上面高高地飞行。而那些轻薄的云，薄如蝉翼，如丝如缕，它们的高度则很高，即便是飞机在一万多米的巡航高度，仍触摸不到那些如薄雾般的云。

如果分析其中的道理，我想应该是和云朵浓重的程度有关。轻薄的云，大概本身比重较低，容易升到更高的地方。而浓重的云，大概是因为比重较大，而只能低垂在离地面不远的高度。这本来是自然界里司空见惯的现象，但仔细想来，其实与我们人生的修为、境界也有几分相似。

禅学常说戒定慧三学，意思是说一个人能够有所为有所不为，才能有定力；而一个真正有定力的人，一个遇到诱惑不为之所动的人，才能水清月现，灵光闪动。反之，一个欲念很重的人，遇到诱惑就心动的人，欲望蒙蔽了心田，自然容易利令智昏、色令智昏、权令智昏，做出愚蠢的行动。这正如天上的云朵，欲念很重的人，就像浓重的云，由于欲念很多，智慧蒙蔽，患得患失，得陇望蜀，结果心神散弛，很难做出很大的成就，只能低垂在社会的底层。而那些欲念比较淡的人，就像淡薄的云，无欲则刚，很少有外在的诱惑让他动心，能够制心一处，心无旁骛，假以时日，都可以在辛勤汗水的浇灌下，取得丰硕的成就，从而走到社会的高层，受到社会的尊重。当然，这里所指的"高层"，并不是指当多大官、赚多少钱，而是一个人的内在，表现为一个人的智慧、德行和境界，如同孔子、孟子、老子、庄子等，这些人永远位于人类文明的星空中，让我们仰望和学习。

庄子曾经说："其嗜欲者深，其天机浅。"这句话的意思是说一个欲念很重的人，其大智慧很少，往往会在欲望的牵引下进退失据，甚至走错人生的道路。当然，我们人人都有欲望，都不能像圣贤一样清净，但这个道理明白了，至少知道一旦做了欲望的奴隶，不仅智慧蒙蔽，更容易在外在诱惑的诱导下，走错人生的道路。

随遇而安是种什么样的智慧？

随遇而安，说来简单，实则智慧很大。

邓小平同志就非常懂得随遇而安的智慧。1966年"文化大革命"爆发后，邓小平同志被错误地打倒了，下放到南昌一家拖拉机厂当修理工。面对"昨天还是总书记，今天就是普通修理工"的现实，小平告诉他的爱人卓琳：走，把铺盖行李收拾好，咱们赶紧去上班。他说我年轻的时候去法国勤工俭学，学的技术就是钳工，到了拖拉机厂还可以发挥我的长处，不是挺好嘛。

无论生命遭遇什么样的境遇，都能够把心安下来，这是很高的境界。

世界的一切都在变化，但无论怎么变，都能随遇而安，这是大智慧。什么叫修为？把自己推到再高的位置上绝不飘飘然，安排到再平凡、再偏远的地方去工作，也快快乐乐，这就是随遇而安。

人这一辈子无论遇到任何机会都能随遇而安，活得清醒，才能把握住机会，处变不惊，这才是真正的大智慧。这一生无论在多平凡的岗位，无论遇到怎样的际遇，一点都不抱怨，才能把现有的条件利用好、珍惜好，而不是在怨天尤人中浪费时光。

为什么说不要轻视平凡人？

在《六祖坛经》中，有一个细节：湖北黄梅县东山禅寺方丈五祖弘忍大师在准备传法的时候，决定把衣钵传给对佛法领会最深刻的人。没怎么读过书的惠能大师，当时在东山禅寺做杂役，也想写一点对佛法的体会心得，上交弘忍大师。

当惠能说出这个想法的时候，站在旁边的一个在家修行的居士，随口说了一句："你连字都不认识，怎么还能写诗表达自己对佛法的理解？"

惠能大师听了这话，平静地告诫那个人说："永远不可轻视别人，要知道往往下下人有上上智。"后来的结果，熟悉中国佛教禅宗历史的人大都知道，恰恰就是这个没怎么读过书的惠能，以自己对佛法的深刻体悟而成为禅宗六祖。而且，在惠能接法之后，培养了无数弟子，使得禅宗大兴，成为中华文化史上璀璨的明珠。

须知，一个人内在的智慧和境界，与他的地位和权力，并没有必然的联系。下下人，有上上智。惠能大师的一生，就是对这句话最好的印证。

从个人修为的角度看，一个人无论有多高的地位、多大的权力、多少的财富，永远都不可轻视别人。很多看起来很平凡的人，也许他对人生的理解、对生命的领悟，不是位高权重的人所能达到的。

孟子说"亲亲而仁民，仁民而爱物"，我们都应该超越小我的格局，真正能够对世界有敬畏，对众生有仁爱，能够真正维护其他人的尊严，尊重其他人的利益，而不是狂妄和傲慢。

为什么说利益苍生，也是为自己留福田？

《古文观止》有篇文章《徐文长传》，作者是明代"湖北公安派"文学家袁宏道。徐文长是一个狂放不羁的才子，诗词书画，皆有成就。今天给大家分享的是他的状元同学张元忭的故事。

据史料记载，张元忭（1538—1588年），字子荩，号阳和，明代山阴（今浙江绍兴）人。他在小时候勤奋好学，曾经住在香炉峰寺里修学，每天苦读，足不出户，有十多年的时间。在此期间，还有一段奇趣的故事。

有一天夜里，张元忭做了个奇怪的梦。梦见一个长者彬彬有礼地向他施礼，并告诉他：我本是山里的龙，已修炼千年，去年这一天就该冲出去，可是只因你凳子压在我头上，你是大贵人，若伤了你，就影响我的道业，所以我没有勉强。后天正午又是我出头之期，错过了又要等三百年，请你把凳子移一下，助我成道，定当后报。

张听了后觉得应该成全，于是点头同意，但提出两条要求：一给寺里一口泉水，免得僧人挑水太辛苦，二不要伤害村民，要利益众生。老者点头应允。

张元忭醒后只觉是梦，当时也未在意。不料隔日正午，阴云密布，电闪雷鸣，大雨倾盆。这时他忽然想起前夜的梦，随即马上将凳子移开，凳子所在之处马上冒出一股清泉，但眼见一条像蚯蚓一样的小蛇随水而出，到了山门被拦住，张赶紧过去用手掏开一洞，蛇随水而出。顿时霹雳一声，蛇变成巨龙腾空而起。巨龙旋又入地，旋又腾空，向张元忭频频颔首致敬。

此时很多当地村民被惊动而跑出房门，观看奇景。当时，虽大雨滂沱，庄稼房屋却无恙。张元忭看见龙钻出的地方变成一眼清泉，汩汩泉水，极为清澈。据记载这泉到了清代还存在。后来张元忭考取状元，为纪念此事，树碑在泐文泉旁。张元忭后来官居翰林侍读，著述甚丰，成为明代文学家。晚年学佛，其参究有所醒悟。

我引用上面的文章，是想引导大家感悟故事背后值得我们沉思的地方：

张元忭先生在寺庙读书十载，安安静静，没有大定力的人是不能办到的。当龙王请求时，张先生提出要下雨润泽天下苍生，要留一口清泉给寺院常住和四方结缘的人用，可见其中的仁爱和感恩之心。有大定力，有仁爱天下苍生的情怀，有回报恩人的感恩之心，怎么会没有成就？由此可见，取得功名者，有大成就者，都各有原因，各位朋友，当深思以记之。

为什么说终极的强大是自强？

一个人终极的强大，是自强不息。这个话似乎人人都懂，可有谁能做到呢？很多人一遇到考验，要么是惊慌失措，要么是怨天尤人，要么是自暴自弃，要么是走向迷信和盲目崇拜。这些都是歧路。人生的救赎，实质是自己救自己，只有自己真正强大，境遇才会一天天好起来，阳光才会越来越明媚。自助者，天助；自助者，人助，这是真理。希望每一个人都懂这个道理，自己真正为自己负责，在自强的基础上，广结善缘，和衷共济。

一切外在的力量，只有通过内因起作用。无论是做事业，还是治病，都是一个道理。自己非常乐观、积极、阳光，强大的内心会调动身体里的积极因素，再加上合适的治疗，疾病才会很快康复。

任何事情，只有把自己的力量调动起来，外力才能起作用。

为什么说民众是平凡的人，又是伟大的人？

记者问边防战士："一个月收入多少钱？"战士反问："祖国的领土一寸多少钱？"我看了这个新闻，陡然一震。

任何一个民族的复兴，大国的崛起，必然要有这种家国天下的情怀，要有对小我的舍弃。当然，为国为民，这是很高的要求，可能很多人做不到超越"小我"，但我们应该向这些舍弃小我的人表达由衷的致敬。正是他们的赤子之心和坚守，铸就了共和国的平安和祥和。愿每一个人的奉献都得到尊重，每一份付出都得到温暖的回报。

一个国家，正因为有无数像战士一样甘于奉献的人，才有了歌舞升平的繁荣世界。我们在司空见惯的生活中，不要忘记无数平凡的人们在不同的岗位上，支撑起了国泰与民安。

为什么说"志无立，无可成之事"？

王阳明曾说："志无立，无可成之事。"人生的第一等事，就是立志和发愿。有志向的人，发过大愿的人，才有持续一生的力量，才能在面临各种考验的时候，不迷失人生的方向。

不是任何目标都可以称为立志和发愿，只有那种有忘我精神而为大众谋利益的理想才是真正的大愿。可以说，人的一生，就是带着愿望的旅行。这个大愿，既是对大众的承诺，也是对自我的成全。有了大愿，人生才有持之以恒的动力，才有生命的净化和升华。

尽管提倡人人都有大愿，但在现实中的任何一个国家，无数的芸芸众生，大都是为了个人的小生活而打拼，这很正常，一个人自己过好，把父母孝顺好，把工作做好，已经很了不起了。在这个基础上，还会有一些人，超越小我的悲欢离合，超越自己的小情调，能够有大我的格局，为造福大众而任劳任怨。这些人不一定多显赫，更不一定拥有多少的光环，可能就是我们身边最普通最平凡的人，但他们以无我的心胸和忘我的奉献，而成为社会的典范和人生的路标。

平凡中才能创造伟大，是真的吗？

不要看不起平凡，每一份平凡的工作和岗位都很重要，都是踏踏实实给人民做事、积累福德资粮的机会，正是在踏踏实实地给社会服务中，人生的境遇才会改变。人生是一个台阶接着一个台阶的发展，不做好平凡的事业，任何人都不会有下一个机会。妄想一步登天，不过是自我欺骗罢了。

人生可怕的不是平凡，而是缺少懂得感恩和珍惜的心，不要轻视人生的任何一个机会和平台，要懂得珍惜和感恩，每一个看似平凡的机会，都是成长和历练的台阶。很多人只要对生活不满意，就在抱怨和愤愤不平中虚度年华，结果任何机会都被浪费掉了，最终对国、对家、对个人空留无尽的感伤和遗憾。

只有把一个一个平凡的事情做好了，才能到达更好的平台，才有风生水起的那一天。

人生真正的救赎依靠什么？

人有一种天生依靠外部力量的倾向，一遇到困难就把希望寄托在外部力量上。仿佛依靠关系、依靠外部神秘的力量才能出现人生的奇迹。实则外部的力量尽管起作用，但自己救自己才是克服困难的根本，只有自己真正强大，才能自助者天助，自助者人助。

所以，无论是现实中的困难，还是心理层面上的障碍，根本上都需要自己领悟，自己化解。只有自己真正想通了，才会天高云淡，否则任何外部的帮助，只能解决一时的迷惑，不能真正彻底地解决问题。其实很多人的内心，自己清楚问题的所在，但就是不能纠正自己，而外来的力量也不能真正改变自己。

如果说自己什么道理都懂，就是不能改正，对这种人，任何人都无能为力。任何外部的力量，只有在自己努力争取的时候，才能起作用。

为什么说你的标准决定了你的高度？

一个人拿什么当作自己人生的标准，某种程度上决定了人生的方向，对于自己的发展至关重要。反过来，你把什么当标准，也反映了自己的素质和修为。有的人喜欢影星的靓丽，有的人仰慕圣贤的伟大，有的人欣赏优秀政治家和企业家的实干，你的标准折射了自己的高度和追求。以我个人的体会，一个深刻睿智的人，不太会欣赏浅薄幼稚的东西。当然，一些喜欢浮艳的人，也没有能力欣赏真正的智慧和通达，所谓"道不同不相为谋"。

一个人的标准有多高，就会在多大程度上要求自己。反过来，对自己标准很低或者没有标准的人，极容易放逸自己。标准的高低，某种程度上决定了人生的高低。

我们该怎样期待爱情？

有一些朋友向我咨询关于爱情的话题。实话说，谁也不是爱情的专家，谁也不能在这个问题上好为人师，但都可以谈一点自己的看法。

为什么会有剩男剩女？据我的观察，剩男剩女中，有相当多是非常出色的人。问题就来了，为什么那么出色还成了剩男剩女？问题就出在有些人对爱情的期待有问题。如果自己优秀，再期待对方的学历、收入、长相、住房、工作等都在一个标准线上，那结果基本上就"剩下"了。

很显然，现实中能配得上自己的人很少，出色的人也不愿意将就，觉得如果找得不满意就是委屈了自己，这就更难找到归属了。结果是很多人错过了结婚成家的黄金时期，最终遗憾终生。

我们到底应该对爱情有怎样的期待？如果把所有外在的光环去掉，爱情就是找一个合适的人过一生。什么才是最合适的人，这个要想清楚。当然，此事古难全，如果希望对方收入高，长得好看，经济条件和人品并具，颜值和气质俱佳，这恐怕在影视剧里才有。所以，不要过多地期待，有几条最关键的因素符合要求就很好。如果希望所有方面都符合自己的想法，在佛家看这是妄想执着，在文学里这叫有一颗童话的心。

找一个志同道合的好人过生活，这是对婚姻最靠谱的愿望。这里的志同道合，包括双方对彼此的事业互相欣赏，双方看问题的价值观一致，否则无法谈到一起，更谈不上过好一生。

独立思考、学会辨别，有什么样的意义？

社会上很多人听到一些观点时，会不加辨别地接受或者想当然地反对，这都是不可取的做法。

《中庸》上说："博学之，审问之，慎思之，明辨之，笃行之。"大家看我们的先人建议的顺序：先明辨之，之后才能笃行之，一个人如果不经过认真的考量和验证，就深信不疑，就违背了实事求是的原则。有一次我去基层上课，有一位干部告诉我他很讨厌讲什么因果，认为那是迷信。我立刻问他："因果规律不是客观规律吗？世间万物，如果没有因果规律，如何存在？好比说你今天能做出一点成绩，这就是'果'，实际上是以前多少年的奋斗所种的'因'。没有以前奋斗拼搏种下的'因'，就没有今天的'果'。"他听了以后不做声了。

实际上这种盲目接受或排斥的现象存在，根本原因在于人们不思考，不验证，盲目接受，这些都是不可取的行为。

在人民大学著名佛学学者方立天先生的课上，他说我们固有文化中的好东西，有些被我们摧毁了，比如因果规律。种什么因，得什么果，这是很真实的智慧，可却被当作宗教迷信被摧毁。由于很多人根本不信因果的存在，所以肆无忌惮，无节操无底线，什么都敢做，认为胡作非为之后可以逃避惩罚，结果必然受到法律无情的制裁。

对任何一句话，不要先入为主地臆断。而要看看是否符合真理，是否有益于世道人心。

为什么说面对文化的乱象，要"扶正固本"？

有人问我如何看待文化乱象的问题，我的回答就是"扶正固本"，这才是根本之策。

今天邪教现象为什么让人忧虑？如果我们知道维护文化主体性的重要性，好好爱护和弘扬中华文化，让人民了解我们自己的文化，爱上自己的文化，就能从根本上防止这样复杂的局面。可在现实中，一些对社会有益的民间信仰被简单地指责为迷信，而异域的信仰却被奉为宗教，这样很不公平。土地不长庄稼，就生杂草，我们不大力弘扬中华优秀文化，就容易滋生文化乱象，这是今天文化乱象存在的重要原因。回望历史，我们做了很多自毁长城的事。

在文化建设上，我们维护中华文化的主体性，绝不意味着保守和僵化，而是在海纳百川基础上的文化自觉。回望近代历史，我们曾经有过糟蹋自己文化的悲剧，这终将背负一个大的后果，我们也必然承受文化乱象的恶果。希望我们好好地总结历史，以后绝不要做自毁长城的事情，好好地爱护、弘扬中华优秀文化。

为什么追求真理和觉悟，要有义无反顾之心？

有这样一则故事：一个贼，跑进一个院子偷东西，结果被人发现，于是院子里的壮丁蜂拥而出，捉拿贼人。这个贼环顾四周，发现只有一个出口，是长满了荆棘的水道。情急之下，贼无所顾忌，一下子钻进水道，什么恶臭、什么遍体鳞伤，都不管了，因为这个通道就是生路，否则会束手就擒。结果壮丁们打着火把，找了半天，无所发现。因为贼已经钻过通道，逃之夭夭了。

这当然是一个故事，可其中的道理却值得我们沉思。为什么故事中的"贼"有如此大的勇气？而我们在修炼自己的时候缺少这种勇猛呢？因为"贼"知道一旦钻不出去，就会受牢狱之灾，所以拼了命也要钻出去。可我们很多人流连于花花世界，在各种吃喝玩乐中乐此不疲，怎么可能升起修行的勇猛精进之心呢？

追求真理和觉悟，应该有义无反顾之心。在追求真理和个人觉悟的过程中，需要正视人性的弱点，需要做艰苦的人性斗争，需要有真正的大智大勇而不断自我突破。任何对人性弱点的妥协，都很难实现真正的自我超越。

何谓"修行"？

我们常说修行，修的是什么？是一颗心。行的是什么？就是把心中领悟的道理落实下来。二者结合起来，修行讲了身心的关系，知和行的关系。无论是出家在家，无论是做什么工作，职位高低，其实都是在修一颗心，而心的状态则体现和落实在行上。

在修心的问题上，最平凡的岗位和最有权势的岗位是一样的。最有权势的人，位高权重，面对各种诱惑，能够经受挑战，面对巨大的吸引而不为所动，这是顶顶了不起的修行。但如果在最平凡的岗位上，在最平凡的生活中，能够快乐欢喜地布施，能够在平凡的生活里具足自在，一心向善，这也是顶顶了不起的伟大。现实中的很多人，富贵大了就放肆，平凡久了就抱怨，这是因为自己的心不安分。

其实，修行的道场没有高低贵贱，人心的净化处处可行。伟人和农民，在外在的功业上有区别，但在内在的修为上并无二致。所谓执着于这样那样，无非是一颗不安分的心在作祟。人生何处不青山？青山处处有道场。这是真话，就看诸位是否懂得修一颗无我利他的心，忘我奉献的行。

如何修出心灵的莲花？

修行需要功德，而不执着于功德，功德可以帮助更多的大众，但如果内心执着于我做了多少功德，就会成为修行的挂碍。

喜怒哀乐的升起，人的情绪发生的巨大变化，起起伏伏，是因为面对外界的环境不能保持清醒，面对外界的环境不能保持自己的定力。

《六祖坛经》说定才能生慧，这是说具有清净的心，才能关照世界的实相。反照自己的心，可以照见自己的修为，所以曾子说：三省吾身。

修行人要做好功课，功课不是给人看的形式，更不是自我安慰，而是为了摄心。不同的境界，有不同的修行方法，没有固定的格式，但目的都是让自己越来越清净。

修行就是自己把握自己。一个人，如果不能善护念，一旦忘失正念就会堕落。

内心要有护持清净的力量，时时提醒自己。人生终极的进步，是自我的觉悟，是自己救赎自己，自己监督自己。受戒持戒的背后是为了定和慧，受戒其实就是升起自我监督的力量。

做事之前，思量为什么做，应该怎么做，后果是什么，能不能担当后果。做事之后，能够问心无愧，这是应该秉持的态度。

儒释道各家的学问，都是对心性的唤起，都是引导我们反观内心的力量。修炼自己,以持之以恒的力量前行。琴弦过于紧绷就会折断,过于松弛则没有悦耳的声音。所以修行也要张弛有度。

修行,就是用智慧的水,滋养一颗心,持之以恒,心灵的莲花才会绽放。

为什么说"心底无私天地宽"?

利己和自私不是一回事,利己和利他是一致的,而自私以自我为中心,只关注自己的利益。人只有利益他人,才能利益自己;利益他人是"因",利益自己是"果"。

赞扬历史上的圣贤,并不是苛求现实中的人。对于人生的高标准,我们现在做不到,但这应该是我们努力的方向,向榜样学习才能让人生不断升华。

心底无私天地宽。真正的修行人不应该有门户之见,因为修行是对自己内心的修持。所有对于自己内心的净化和升华有帮助的思想或人,都是我们学习的对象。

一个人内心如果觉得不舒服和不通达,是因为自己没有融会贯通所致。只有智慧高远,才能统摄各家。

为什么修心是一生的功课?

修心是一生的功课。

面对自我,能够有大愿,不做浑浑噩噩之人。

面对他人,能够为别人的成就和发展感到发自内心的喜悦,见贤思齐,见不贤而内省。

面对别人的失误,多一分理解宽容,多给别人鼓励和机会。

面对责任，不可逃避，要敢于担当。

面对误解，海阔天空，能够释然。

面对指责，能够忍辱包容，有则改之，无则加勉，绝不耿耿于怀。

面对狂傲，不趋炎附势，能够不卑不亢。

面对道义，能够一肩担起，责无旁贷，持之以恒。

只有把心调平和了，才能面对各种考验，一以贯之，少一些起伏，多一些不刻意的慈悲，这就是了不起的人生状态。

为什么说发愿是人生的一盏心灯？

大家读释迦牟尼的传记，说他从兜率天降生人间，为的就是一个大愿：为所有众生脱离苦难找到解脱的办法，并在各种磨砺中实现人生的彻悟，自觉而觉他，觉行圆满。

降生之后，他的父亲净饭王唯恐他成为修行人，希望他继承王位，并用人世间所谓的各种诱惑——美色、美食、游玩、享受等，企图圈住佛陀的向道之心。可这些为什么没有起到作用呢？秘密就在于佛陀降生时就已经发了大愿——誓愿找到为众生解脱痛苦的道路。这个大愿就是佛陀心中永远闪亮的灯光，也许会有短暂的风声摇曳，但正因为灯光在，佛陀永远不会迷失人生的方向和承诺，从而必定完成、必定实现。

我们从中也要受到启发，人生第一等事就是立大志，发大愿，这里的"志"不是小我的追求，而是大我的担当，这里的"愿"不是个人的享受，而是大众的福祉。只要心中有这个大志和大愿在，人生就有了永不懈怠的动力，就有了不惧风雨的坚持，就有了面对孤寂冷清的丰盈的心灵世界，就有了面对花花世界永不迷失的人生坐标。也正是在这个意义上，立志发愿为人生第一等事。请所有的家长、老师都要引导孩子立志和发愿。真正的志向和愿力，不是说一个人赚多少钱、当多大官，而是在每一个平凡的岗位上力所能及地给大众造福，从而不辜负生命本来的意义。

愿力，是一个人对自己庄严的承诺，是人生征程中永远熠熠生辉的北极星。

培养好自己的道心有什么重要的意义？

"大学之道，在明明德，在亲民，在止于至善。"这是《大学》的头三句话，那么什么是明明德？其实质是要我们找道心。明白了这个道理，读书则一通百通。历代伟大的思想家和智者，都是在引导和启发我们净化心灵，觉悟道心。

孟子讲"吾善养吾浩然之气"，浩然之气也是由道心生发来的。一个为国为民的人，必然有大丈夫气概。所以儒释道三家都在养人的道心，推而广之，伊斯兰教的教义、印度教的教义，全世界任何一个伟大的文化系统都在养人的道心，正如中华文化里的典籍《中庸》所言："道，并行不悖。"大道都是养道心的，都是给我们指一条怎么找道心的路。但不同的文化，对道心的理解还是有层次和深浅的差别。

我们经常讲的自我修炼、成长，就是要把道心呈现出来，道心呈现出来是个怎样的状态呢？当一个人的道心完全呈现出来，人性的弱点没有了，贪欲没有了，什么地位、算计、利益都没有了，按照孔子的话说就是"从心所欲不逾矩"，按照惠能大师的偈子就是"菩提本无树，明镜亦非台。本来无一物，何处惹尘埃？"这个时候内心干干净净，本来无一物，完全是道心澄明。道家讲真人，修得内心清净、有着很高深境界的人就是真人。比如王重阳叫王真人，丘处机叫丘真人，张三丰叫张真人等。真人的"真"是什么"真"？就是道心找到了。儒家里面讲本心，讲良知，仍然是讲道心。

我们读经典，就是让我们不断地擦拭心中的镜子，找我们的道心。只要把道心给找到了，就会感到内心光芒四射，那时候该说什么、该做什么、分寸的拿捏、得失进退尽在自己的把握之中，用孟子的话讲："不虑而能。"就是你不用去想它，自然知道这件事情该不该做、该怎么做，这也是佛家里边讲的智慧涌现。

智慧涌现以后，心灵就像镜子照东西，什么东西摆在面前，镜子立即就照出来，根本不需要刻意的思量就可观照世界的实相。所以，中华文化所有的智慧都是在寻找自己的道心，培养自己的道心，不断地去超越人心，并让道心做主来指导自己的言行。这就是中华文化努力的方向，也是如何解读中国经典的一把钥匙。

为什么说人间处处有菩萨？

一日看《朗读者》节目，知道了清华大学赵家和教授的事迹。他自己省吃俭用，把一辈子的积蓄——一千五百万元捐献给社会，让自己的孩子自食其力，临去世的时候，把自己的遗体全部捐献出来做医学研究，我由衷地赞叹和敬佩。我们常觉得菩萨离我们很遥远，赵先生的精神，不正是菩萨的精神吗？一生勤恳地工作，干一行爱一行，帮助了无数的学生，兢兢业业，把自己的身体都布施给医学研究，十分伟大，值得所有的人学习和尊敬。

菩萨的精神并不是远离人们的生活，而是时时体现在人们的生活中。问题的关键在于我们是否愿意奉献自己，帮助别人。

我们为什么要活在当下？

活在当下，因为过去不可得，空留回忆的幻影。未来不可得，未来如何，除了自己的奋斗，也需要众缘和合。点点滴滴的当下，才是人生最真实的状态。

做任何事，聚精会神地做好当下，过去的事情即能放下；生命的境遇，不高兴也无从逃避，凡是来的就心平气和地应对。美好的东西，过去了，不必时时沉浸在回忆里发笑；生命的遗憾和辛酸，也没有必要反复咀嚼。做到这些不容易，但专注于当下就是练心和修行。

我们怎样才能修好一颗心？

一个人所有努力的终极指向，就是修好一颗心，一颗无我利他的心，一颗慈悲圆融的心，一颗一心向善的心，外在的功业大小随缘就可，并没那么重要。再微不足道的事，都是为了修一颗心，也是一颗心的显现，再伟大的功业，也是为了修一颗心。忍受不了平凡，喜欢光环下面的荣耀，这本身就是虚荣之心的表现。无论多平凡，还是有多大的功业，都不过是尽本分做事，做平凡人，利益他人，造福大众，成就自己。

学会在起心动念处摄心，注意在生活平凡处利益他人，点点滴滴，无不是修行。最切实的修行，是将修行落实在当下，落实在生活中。相比于花言巧语，只有在淤泥里开出莲花，才靠得住。

为什么要确定人生的第一价值？

人生的很多烦恼，是来自第一价值的模糊。比如，一个人参军，第一价值是保卫祖国还是为了自我捞好处？如果是为了保家卫国，那么部队安排自己什么岗位、到哪里锻炼，都会任劳任怨，因为这是国家需要，符合自己的人生追求。否则就会怨天尤人，消极懈怠。

考取公务员也是如此，如果第一价值是为了造福一方，为人民做事，那领导安排自己去哪里，都会高高兴兴地去做。因为不论哪个岗位，都是在为人民服务。但如果是把乌纱帽看得比什么都重要，那必然会背离为人民服务的宗旨，做出无益于国家人民、害人害己的事。

我从事的是文化传播事业，究竟第一价值是盈利，还是为了传播优秀文化？这个要非常清楚。如果第一价值是为了盈利，在文化传播的过程中一旦出现盈利不理想的时候就会急躁和不安，甚至改弦易辙。如果第一价值是文化责任，那最好的状态是社会效益和经济效益相结合，即便是经济效益不理想，也不影响兢兢业业地承担文化责任。一句话，过于强调利益导向的文化产业，很容易走偏路。而且一旦经济效益不理想的时候，不是众志成城地一起奋斗，而是人心散掉，事业就会肢解和凋零。

只有真正带着使命和情怀去做，才有宠辱不惊、任劳任怨的定力。在不忘初心、承担责任的过程中，服务社会，实现社会效益和经济效益的结合，这才是长久之道。

年轻人如何获得成功?

有一次我接触到一个"三本"的学生,他 30 岁左右已经是几亿资产公司的副总了。言谈举止之间,我发现他有智慧又稳重,而且有敢于决策的力量,是一个能干事的人。经过仔细交谈,我觉得他是非常优秀的年轻人,想把他的经历总结出来,与大家分享,希望读者朋友从中有所领悟。

他的高考成绩并不理想,只考到一个普通的"三本",但是他读中学的时候,看到邵逸夫基金会资助当地的教育,帮助孩子读书,心里很受触动。于是他立志做一个让人尊重的造福社会的企业家,不仅让自己过得好,也要帮助更多的人。

上大学之后,这个同学时刻围绕着自己的定位学习、读书和开展工作。他博览群书,包括很多管理学的书、自我修炼和成长的书,也包括专门记述王阳明、曾国藩成长的传记等,都是他阅读的书目。在参加社会实践历练方面,他承包了学校的小卖部,虽然是小事情,可麻雀虽小五脏俱全,他从中学会了如何和员工打交道,如何和学校的方方面面打交道,而且还积累了一定的资金。

在大学毕业的时候,他决心到培训公司就职。因为在他看来,一个人能走多远,取决于自己的见识和格局。就此来看,培训公司、文化公司是最理想的工作环境。他认真研究公司招聘的岗位,根据岗位的要求单独撰写简历,最后被某一家大的培训公司录用。在公司工作两年多,他几乎把所有讲师的课程听完,在理论上了解企业管理的方方面面,然后决定跳槽到其他公司,检验所学。

后来他应聘到一家教育公司,勤奋工作自不用说,还自觉地把企业培训时所听到的理论,慢慢结合实践加以应用。在企业管理上,他不仅注重绩效的奖励，也注重企业理念和价值观的建设；不仅注重企业制度建设，也注重企业的文化建设，并力图通过企业文化的滋养培育企业的向心力和凝聚力。几年之后他的业绩得到老总肯定，并被提拔为副总，收入可观，在北京生活、住房等问题也都没有多少压力。

这个朋友求职和升职的经历给我很多震撼和启发。我们不妨以此作为案例反思自己：

其一，我们是不是有明确的目标？我们常说一个人要有终生为之奋斗的目标，也要有阶段性的目标，二者要有机结合。这个朋友志在成为优秀的企业家，在不同阶段应该学什么、做什么，怎么提高自己，都很清楚。这就是凡事预则立、不预则废。我们扪心自问：当别人非常清楚自己的规划并为之拼搏的时候，我们在做什么呢？为什么很多人一日千里，成长飞快，而另一些人却终日浑浑噩噩？这就应了王阳明所说的："志不立，天下无可成之事。"

其二，我们是不是有非常强烈的学习意识？看人与做事，多看别人的优点。即便是看到缺点，也带着帮助别人的心，而不是挖苦别人显示自己。"三人行，必有我师焉。"只有多学习，才能不断提高自己。遇到任何人，任何事，都有值得学习的地方，只有带着学习的意识，才能不断提升自己。一个人有多大的成就，取决于不断的积累和逐步厚重的修养。否则，没有真东西，谁也支撑不起伟大的人生。

其三，一定少抱怨！我听这个朋友说话，极少对自己的家庭、学历、学校有任何抱怨，只是跟我说他在学校学了什么、有哪些收获。相反，有的人常跟我抱怨，说什么家里没有关系、自己的学校不好等。如果抱怨能让自己变好、让国家变好，那么我们不要工作了，一起去抱怨好了。真正的智慧是让我们少做没意义的事，把抱怨的时间用在提高自己上。只有提高自己，才能更主动。如果说外在的环境还有很多需要完善的地方，那更要减少抱怨，提高自己的实力，从而让世界更美好！这就是孔子说的"君子求诸己，小人求诸人"，孟子也说过"事有不成，反求诸己"。

希望读者朋友从中有所领会，胸有大志，目标明确。在任何环境、和任何人打交道都抱有学习的精神。不要怨天尤人，少做无意义的事，提高自己，反思自己，从而让自己的人生更好，让社会越来越好。

希望人人都有精彩的人生！

频繁跳槽好不好？

据有关数据统计，当前的年轻人存在频繁跳槽的现象，当然其中的原因多多，但跳槽对年轻人发展到底好不好？这需要做出深刻的分析。

年轻人在不知道自己人生方向和职业需求的状态下，需要在工作中不断地调适以找到最适合自己的道路，这当然有合理性，但是一个人如果希望得到人生的大发展，就要警惕频繁跳槽现象。

孟子曾经讲过这样的故事：一个人挖井，地下一百米就可以找到水源。但是这个年轻人心浮气躁，挖到三十米就已经躁动不安，转换一个地方后又挖了四十米，随后又转换另一个地方，如此换了若干地方，从来没有打到一百米的深度，当然一生也找不到水源。

任何一个人，如果希望获得成功，一定要在一个点上刻苦钻研，专心致志，不断积累，才能获得成功。反之，如果患得患失，得陇望蜀，或三心二意，最终会一事无成。即便是资质一般的人，如果一辈子研究先秦的历史，用一生的时间也可以成为研究先秦的专家。关键是很多年轻人根本不知道自己要做什么，在频繁跳槽的过程中，永远生活在社会的底层。

因此，年轻人在寻找人生定位和方向的时候，或者是工作单位不符合自己的人生追求时，存在跳槽现象，有一定的合理性；但如果找到了人生的方向，那就要制心一处，心无旁骛，这样才能集中心智做一番事业。

为什么创业是人生成长很好的历练？

创业是一个人很好的历练，经历创业的人会迎来全方位的成长。为什么大多数的人创业没有成功？除了环境的因素外，更多是与个人没有做好创业准备有关。

关于创业，最根本的是要有给社会造福的大愿，无论遇到什么困难也不会改变，如果就是奔着赚钱去创业，难免会急功近利，出现各种波折；第二就是德行和智慧，有德行的人能够真诚地团结朋友，对待客户，有责任讲诚信，利益别人也成就自己；有智慧的人，会不断反思，善于学习，勇于创新，化解一个个困难，找到好的应对办法，从而开拓出新局面。

在具体创业的过程中，创业者要能看清社会发展的态势，对社会的需求有敏锐的把握；要对自己做什么有清晰的定位，提供社会需要的优质产品与服务，找到社会需求的结合点；要对创业过程中遇到的各种挑战有一个预期，做好各种准备，并在迎接各种挑战中不断反思和成长；要不断增长各种才干，包括市场的运筹策划能力、人力资源的整合调动能力等。

创业难免会遇到困难和失败，这是极正常的事，任何人都会遇到各种挑战，这恰恰是不断学习的机会，是发现自己缺点的机会。如果遇到困难，就惊慌失措，无法承受，那只能说明他根本没有创业的能力。创业的正确态度，是在困难面前要更好地反思，发现自己的问题，勤奋学习以增长才干，勇于创新以开拓局面。创业不可急功近利，而要坚韧不拔、海纳百川、善于学习和反思，这些是成就事业必须具备的优良品质。

大家要把创业的过程，视为人生的修炼，遇到任何问题，都当作自我成长的机会，在磨炼中不断升华，这样才能增长才干，做成一番事业！

创业的前提是什么？

当前，很多人希望通过创业实现人生的价值，这值得鼓励，但如果考察创业数据，大家会发现：绝大多数的创业者结果并不理想，只有少数的创业者成为社会的佼佼者。其中的原因是什么？我们应该有所反思，以供创业的朋友们参考。

首先，知人者智，自知者明。我们一定要有自知之明，要知道自己是谁，是否适合创业，这一点最为重要。真正创业成功的人，要有很强的承载力，能够经历失败，在创业的过程中有能力经历风雨。否则，一个人一旦遇到失败，就要死要活，那就根本不是创业的材料。真正创业的人，要有成为企业家的资质，善于管理，善于团结大家，善于根据情势的变化及时调整，一句话，要有企业家的素质或者潜质才可。

其次，要对国家的发展和国内外的形势有准确的预判。哪个行业在走下坡路，哪些行业代表了社会发展的潮流，这都要有预见。互联网的兴起带动了无数企业家实现愿景，这就是明证。

再次，正确的价值观和厚重的德行，是创业成功的根本保证。我们为什么创业？不简单是为了发财致富，更重要的是为了造福社会，为人民、为国家、为全世界提供最需要的产品和服务，在这个过程中，造福大众，利益自己。当然，一个人的能力有限，造福人民有多少，决定了事业有多大。

总之，创业固然很好，但不是适合每一个人。任何一个工作岗位，踏踏实实的积累，做出成就，得到社会的认可，都值得尊敬！

企业家的使命是什么？

任何一个行业里，能够称得上"家"的人，都是了不起的人。很多人是教育工作者，但不是教育家；很多人学习哲学，但哲学家很少；当然，能唱歌跳舞，也未必就是艺术家。真正称得上"家"的人，是一个行业的典范，不仅学问上厚重，德行上也让人钦佩，否则都没有资格称得上"家"。

那么，什么是企业家呢？那就是不仅能够赢得市场，而且有社会责任感和使命感，能够以尽可能好的产品质量和服务，造福员工、造福社会。日本有一个企业家稻盛和夫，提出"敬天爱人"四个字，实际上体现的内涵就是成就别人，也成就自己。

在现实中，很多做企业的人，过多侧重利益导向，过于看重自己的利益，什么社会责任、爱护员工等，都只是嘴皮上的文章，结果不能长久发展。企业真正长久之道，在于给社会提供最需要的服务，帮助更多的人。企业的产品多大程度上受消费者欢迎，取决于企业能满足消费者什么需要。所以，企业如果希望发展得好，只有一条路，那就是紧紧盯着社会的需要，生产社会最需要的产品，尽可能满足更多人的需要，在这个过程中，服务社会，成就自己。如果靠坑蒙拐骗、夸大宣传、以次充好等，终究是一条邪路，也必不长久。

什么是企业的"根本"？

十八大以来，中央从严治党，大力净化社会风气，严格防范骄奢淫逸等不良风气，在这个过程中，有些企业开始觉得不适应，自己的业绩仿佛受到了影响。

多想一想其中的原因何在，对于我们如何顺应时代潮流，大有裨益。孔子的学生有若说"君子务本，本立而道生"，意思是每一个人一定要做好自己的本分，这是我们屹立于社会上的基础。如果有人因僭越而遇到困难，恐怕这就是咎由自取。比如餐饮行业，其本分就是为社会提供餐饮服务，在提供优质餐饮服务的过程中得到该得到的利润。每一个人都要吃饭，如果餐饮业懂得"君子务本"，就要结合老百姓消费的实际，在价格、菜品、味道等方面好好用心，在满足老百姓餐饮需要的基础上赚取自身该得的财富。可现实中，有些餐饮企业剑走偏锋，通过官商勾结，通过利用公款大吃大喝的腐败行为来赚钱，结果败坏社会风气。当国家下大力气扭转社会不正之风时，某些依靠公款大吃大喝来赚钱的餐饮行业，难免会遭重创。这说明有些餐饮企业从一开始就偏离了餐饮行业应该坚持的"本分"和"初心"。鉴于此，当国家限制大吃大喝的奢靡之风时，所有经营有困难的企业，应该想一想，自己的定位是否有问题？企业的经营理念，是否有值得商榷和反思的地方？因为国家严格治理奢靡之风而出现经营困难，这恰恰是给自己反省和调整的机会。企业发展理念和运营模式如果不走人间正道，不可能长久发展。

人间正道是沧桑，任何一个企业，只有真正为社会提供货真价实的好产品、好服务，才能拥有未来。企业能够兴旺发达的根本，在于结合自己的实际，给社会和消费者提供优质的产品和服务。祝福每一个人、每一个企业都能找到利国利民的长久发展道路，从而让事业蒸蒸日上。

什么是健康企业的五大系统？

很多企业界的人都希望自己的企业生机勃勃，能够延续百年，但是我们要追问，一个伟大的企业是什么状态？如果对于一个伟大的健康企业应该具备什么结构和状态都不了解，就无法让自己的企业发展壮大。小至一个健康的人，大至一个组织、社会，如果希望健康发展，就必须具备以下几个系统：

一是智慧和方向系统，表现为定位和使命。这个系统决定了组织能够审时度势，知道自己的使命和责任。一个伟大的企业，一定要清楚自己的定位，清楚企业的使命，企业要做什么、能做什么，有所为有所不为，并能够预见未来，与时俱进。

二是反思和学习系统，表现为不断地与时俱进，自我修正与海纳百川。任何人都会犯错，任何企业也会犯错；更多时候，我们不怕犯错，而是怕出现了错误不知如何纠正，不知如何及时地发现问题并解决问题。可以说，领导人和企业都要有很好的纠错能力。

三是执行力系统，再好的战略如果缺少有效的执行力，做不到知行一体，也必然失败。说得再好，不过是愿景，只有真抓实干，才能见到效果。因此，企业不仅要有伟大的决策，更需要有立竿见影的执行力。

四是激励和约束系统，表现为非常有效的管理制度。团队的激励和约束，事关事业的成败。只有很好的激励制度，才能最大限度激发员工的活力和创造力，让企业飞速发展。但在激励制度的设计上，不仅要依靠利益的激励，也需要文化和荣誉的激励。在如何约束员工的问题上，什么该做，什么不该做，必须有清晰的界定，这样才能让团队成为生机勃勃、富有创造力，同时工作严谨的强大团队。

五是维系企业凝聚力和生命力的价值和文化系统，这是企业的灵魂。一个没有灵魂的人，不会有很好的发展，一个企业如果不注重价值观和企业文化的建设，也不会有长远的发展。有的员工，为什么可以放弃其他公司的高薪诱惑？就是因为他认同这个企业的价值和文化。

企业建设的道理与一个人的发展也是相通的，需要"会当凌绝顶"的高远智慧，需要永远学习和自我反思，需要知行统一，需要较强的自我管理能力，否则很难做成一番事业。

为什么说中华文化是促进员工团队建设的重要文化资源？

中华文化在加强企业团队建设方面，具有不可替代的作用。

比如有的员工很急躁，付出一丁点努力就想得到天大的回报；有的年轻人工作两三年就想买房子、赚大钱，这都是春秋大梦。因为中华文化告诉我们，人生有"因"和"果"，一个人给社会服务多少、能力有多大、给别人做了多少事，这叫"因"；一个人能得到多大的回报叫"果"。如果我们没有给社会和他人创造更大价值，我们也不可能得到更多回报。所以那些急功近利的人不妨扪心自问：我给社会创造了多少价值？我给企业创造了多少价值？如果没有，那么我们凭什么得到丰厚回报呢？

"因"和"果"的道理告诉我们，只有种老老实实提高自己的能力和德行的"因"，老老实实地为企业打拼、为客户服务，才能瓜熟蒂落、水到渠成，获得丰厚的回报。如果每一个年轻人都懂得这个道理，就少了患得患失，少了得陇望蜀，多了心无旁骛，多了专心致志。

当然，企业员工中，也有嫉妒和互相消耗的问题。有的人不喜欢别人的业绩好，唯恐别人发展得好，诸如此类，都需要加强中华文化的教育。员工和员工之间，很多人只看到竞争的关系，却看不到彼此之间是互相成全的关系，须知"大家都好才是真的好"，这就是《中庸》所说的"万物并育不相害，并行不相悖"。

以上的例子，只是想告诉大家，企业培训不要被光怪陆离的名词所迷惑，而是要注重实际的内容、解决实际的问题。中华文化关注人心，能够解决我们人生的很多困惑，对于团队建设有特别的帮助，希望更多的企业引进中华文化，做好团队的培养和建设。

某种程度上，企业也是一个大学，不仅承担着做事的任务，也承担着培养人的责任。真正有智慧的企业家，不仅是在使用员工，更要培养员工。将来，有远见的企业，会让企业具备一定的大学职能，真正培养适合社会需要的员工。

为什么说人人都应该有一段做志愿者的经历？

这几年，志愿者组织在社会上多了起来，可是为什么我们要做一个志愿者？这个问题明确了，才能做好志愿者。

几乎每一个人，在今天都难免急功近利，难免患得患失。我们都知道做人踏实无比重要，但一个人踏踏实实的修为不是天生的，而是在社会上磨炼出来的。有一个做志愿者的经历，无怨无悔，不求功利，这个过程对于一个人的成长和历练，格外重要。从某种程度上，人人都需要做志愿者的经历，以磨去一些人生的躁动和急功近利，培养我们的团队合作能力与奉献精神，让人变得踏实。

想做志愿者是一件大好事，我建议做出决定的朋友先去了解，哪些机构是可靠的，了解清楚这个团队的理念和事迹，是不是符合我们的发愿，是不是和自己的愿望相一致，只有知彼知己，才能做出正确选择。

如果一个组织有愿力，做的事利国利民，有利于世道人心，而且和自己的愿望一致，所在的团队积极向上，大家能够互相帮助，互相成全，那就值得我们加入，和大家团结起来一起奋斗。

如何管理志愿者团队？

志愿者队伍是一个让人尊敬的队伍，但要做好志愿者，需要注意以下几点：

首先，做志愿者的人一定要在内心里发愿，没有愿力的人无法做好志愿者工作。

所有做志愿者的朋友们，心里一定要生发这样的力量，那就是我愿意肝脑涂地地为国家服务，我愿意真心实意地承担志愿者的责任，无论遇到多少困难我都会坚持走下去。而且这个力量是源自自己的觉悟和选择，无怨无悔。如果不是自己发愿，不是无怨无悔，那么任何外在的力量都无法依靠，而且还会让人痛苦，因为它不是我们内心的东西，是别人强迫的。

其次，志愿者团队的管理者，尤其是那些舍家舍业在志愿者团队里做负责人的朋友，要自觉培养做志愿者的愿力，带领大家互相学习，让大家一起来互相影响，互相成全，让大家的愿力一起生发出来。志愿者团队要定期召开会议，每一次开的会都应该开诚布公地分析问题、解决问题，用心护养这个团队。一个人，一个组织，当愿力生发起来以后，就有了无怨无悔的决心。

再次，团队管理一定要有制度，没有章法的团队必定不会长久，我们素质再高也要有章法。比如九点要开始工作，如果不能来工作的话我们要请假。我们在管理的过程中每一个制度都要细致明确，上班的制度，生活的制度，财务的管理制度等，都要落实好。志愿者总体素质较高，也可能存在某个人的一念之差，拿一点别人的东西，恐怕这样的问题也存在。因此需要有一套好的制度，制度确立了，我们每一个人就能规范地执行它，志愿者团队的运行就会井然有序。

最后，我建议所有的志愿者团队一定要养成两个习惯。第一，三省吾身，经常反省。因为我们都有很多人性的弱点，也有来自家庭教育的弱点等，所以要三省吾身。第二，海纳百川。我们不仅能反省自己，而且谁批评我们都能接受。有则改之无则加勉，兼收并蓄，任何批评我们都很谦卑地接受，这一条特别重要。所以说一个人不怕犯错，就怕不知道自己犯错。

如果每一个志愿者有愿力、懂反思、善于学习、虚心地接受批评，那么志愿者团队一定能够运行好、管理好。所以大家接受批评时千万不要生起嗔恨心。批评是对自己的帮助，应当心生感恩。当然批评不能是恶意地攻击别人，我们要带着很诚恳的心去帮别人改正缺点，这才是我们该有的心态。

做志愿者应该持有什么样的态度？

志愿者是甘于奉献精神的象征，但做志愿者的朋友千万不要以为当了志愿者自己就多么高尚，仿佛自己就站在了道义的至高点，不能接受别人的批评。

做志愿者是自己人生做的选择，越是这样越应该倾听别人的批评，越应该三省吾身，经常体察自己的问题。如果别人一批评自己就难受，这就叫没有海纳百川的胸怀；喜欢发牢骚，仿佛自己很高明，这就叫骄傲自满，自以为了不起。如果做人有问题，那么在哪个团队都不会搞好人际关系，不能接受批评、做不到海纳百川，这不配做志愿者。

做志愿者的人不能傲慢，要谦卑，要懂得反省，要乐意接受批评，要向别人学习，要遵守规矩。志愿者也需要培养，需要接受培训，需要别人指导，大家要经常在一起学习。

志愿者的发愿要纯正，做志愿者不是为了捞什么好处，不是要捞取更大利益的资本。我们应该通过这个过程使自己的品格修为得到提高，当德行和智慧这个大楼的地基打好了，不管干哪个行业我们都会干出一番事业来。所以做志愿者能给我们什么？给我们最多的是踏踏实实做事的态度，是修为、格局、智慧的提高，这样我们就更有能力去干一番事业。

我们常说一个人的品质重要，可是如何评价一个人的品质？光凭嘴上说说并不可靠，真正可靠的是看这个人做了什么。如果一个人能够将自己一定的时间用在奉献社会、造福大众的事业中，能够兢兢业业、任劳任怨、不求回报地做个合格的志愿者，这就是品质优良的表现。

格物致知

学而不厌

家庭教育是孩子成长最重要的"课堂"?

中华文化一直强调家教家风的重要性,因为什么样的家教,就会营造出什么样的家风;什么样的家风,就会培养出什么样的孩子;什么样的孩子,就会有什么样的社会和国家。

很多人只埋怨学校做得不够好,其实并不公平。老师只是孩子的人生过客,真正持久影响孩子的是家长和家庭。孩子在成长的过程中,最直接的被模仿者和熏陶者就是父母,父母也用自己的一言一行来影响孩子。因此,我们一定要重视家教的作用,家长要在教育孩子的问题上率先垂范。有优秀的家长,才能有良好的家教,良好的家教塑造良好的家风,良好的家风塑造优秀的孩子,一个一个优秀的孩子必然造就国家美好的未来。

在人格的培养上,父母具有决定性的影响。在我的记忆里,每当过节的时候,母亲总是想着给邻居送点什么,而我就是母亲安排去送的"小邮差"。在我的回忆里,母亲常说的话就是"不该做的事,千万不要做","多做好事",我永远记住老母亲的话,尽管我有很多缺点,但是我努力让自己光明磊落,努力奉献自己,绝不可贪占任何不义之财。对于任何一个人,父母的言传身教,往往胜过任何一个老师。

我们不能只把孩子推给学校和社会,而是要通过父母的言传身教,引导孩子走好人生道路。反过来,家长把自己生养的孩子推给别人,也是不负责任的表现。让家庭和学校一起努力,共同为孩子的成长保驾护航才是正途。

家庭教育为何也要"相濡以沫，不若相忘于江湖"？

庄子曾有一句话："相濡以沫，不若相忘于江湖。"这句话对我们如何处理好父母和孩子的关系，很有启发。

曾有一个女孩，给我讲述了她的烦恼：父母从小对她格外疼爱，但有一个问题，就是父母处处干涉她的生活，女孩做什么选择和决定，都必须给父母汇报，否则他们就会大发雷霆。生活在父母的强制安排之下，女孩觉得痛苦不堪。这虽然是一个个例，但也折射了家长到底应该如何看待逐渐长大的子女问题。

教育孩子的最终目的，是引导孩子自我负责、自我管理、自我实现，成为一个真正自律的人，能够管好自己并服务社会的人。从这个意义上说，当孩子还小，家长的管束和决策是正常的现象。可随着孩子逐渐长大，家长就要引导孩子自己分析问题和解决问题，让他们学会自己负责自己的人生。如果孩子成长到一定程度，可以离开父母的怀抱振翅高飞，并能独立成长得很好，这才是父母教育的成功。

懂了这个道理之后，看到孩子离开家长的怀抱，拥有自己的广阔空间时，身为家长，我们不要难过，而要开心，并真诚地祝福。当然，这里所强调的"离开父母的怀抱"，是指孩子心智的成熟，无论孩子多么自强自立，应该多陪伴父母，这是做人的根本。任何人最终都要自己长大，这就是"相濡以沫，不若相忘于江湖"。

为什么小善举胜过大道理？

我小的时候，大家生活还普遍很贫穷，村里经常有来要饭的人。但他们并不白要农民的东西，而是晚上给大家唱一些农民喜欢的戏剧，有的人字正腔圆，有的人确实五音不全。唱得好与不好不重要，重要的是他们不白要东西的用心——知道大家都不容易，尽可能给大家唱一些曲子。

我小时候，在家常遇到这些人，他们一来到村里，就要打起快板。人们一听到快板就知道要饭的来了。这个时候，我母亲总是赶紧把我叫过去，盛上一碗粥，拿上窝头和咸菜，让我赶紧送过去。在我童年的记忆里，这种事情记不清做了多少次。初看起来，这不过是母亲让我去送饭而已，但在我幼小的心灵里，我知道了什么是同情别人，什么是帮助别人，什么是感同身受。尽管自己家里很不容易，但也要力所能及地帮助别人。

现在回想自己的童年，父母没有讲大道理，他们也不会讲大道理。但就这一个小小的善举，在孩子的心里种下了善根，以后不管在哪里，什么情况，看到苦难，总是有深切的不安。大家都好，都幸福地生活，该是多好的事。

中国人为什么重视"孝道"？

"百善孝为先"，在中国的历史上，"孝道"是历代中国人最看重的品格。中国人之所以重视"孝道"，其中大有道理。

从中华民族的生存环境看，我们的先辈生活在黄河流域和长江流域，是典型的农业文明。在这样的环境下，以家庭和家族为单位就是中国人的生存方式。因此注重家庭和家教是中国人生存方式的必然要求。而有些民族不是农业文明，没有固定的家族传承，因此也不像中国人这样重视家庭。

从一个人的道德培养来看，"孝"是一个起点，也是培养所有美好品质的"善端"。道德培养的实质，就是突破"小我"，生成"大我"，表现为一个人能够越来越不自私，越来越考虑别人、体谅别人、帮助别人。当一个人真正做到天下为公、无私奉献的时候，就成为了一个道德高尚的人。可在现实中，让一个人超越自私是很不容易的事，人一般都是注重自己的利益，如何让一个人可以舍己为人呢？"孝"就是培养人无私精神的重要途径。让一个人无私地对待别人比较难，但照顾和孝敬自己的父母，相对比较容易，因为这是我们最能亲近和最应该感恩的人。因此，中国人从鼓励和推崇"孝道"的过程中，不仅解决了家庭的基本伦理，而且由"小家"及"大家"，不断地开阔胸怀和心量，这就是孟子所说的"老吾老以及人之老"，"幼吾幼以及人之幼"，从"孝道"入手，不断扩充德行的表现方式。在这个过程中，一个人的美好品质，诸如诚信、宽容、奉献、理解、尊重等，都可以逐渐地加以培养和推广，这是中华文化的智慧之处，也是值得我们珍惜的宝贵传统。

为什么说"尊老"是有世界性意义的？

孝敬老人，是中华民族优良的文化传统。孝敬老人的背后，体现的是感恩和奉献精神。任何抚育我们长大的人，尤其是父母，可谓恩重如山，一生无法报答。在孝敬老人的事情上，无论自己多忙，只要父母需要，都应该抽出时间进行陪伴和照顾，这是人生的一种基本修养。

如果说家庭是一棵树，树根就是父母和尊长，而树枝则是儿孙。我们常说开枝散叶，实际上是说儿孙满堂。那么，如何才能枝繁叶茂、儿孙满堂呢？那就要经常用水浇灌树根，大树才能枝繁叶茂。浇灌树根，意味着只有好好地孝敬、照顾老人，家庭才会美满幸福，孩子才能健康成长。

如果把国家比喻成家庭，历代的先贤哲人，就是我们民族的尊长，我们一定要尊重。这些历史上的圣贤、大英雄，不仅为国家的发展做出了巨大的贡献，而且他们的所思和言行，也为我们思考人生和社会发展，提供了极为可贵的材料，值得我们用心地品味和学习。他们在具体环境下的言行，或许有这样那样的问题，但我们所做的就是萃取其中的精粹，为我们所用。一个没有圣贤的民族是可怜的，有圣贤而不知尊重的民族是可悲的。

从个体的角度，我们尊爱自己的父母；从民族的角度，我们尊重历代圣贤大德，爱自己的国家；从人类的角度，对任何为人类文明做出贡献的人，我们都要有由衷的敬意。家庭是一个小家，国家是一个大家，善于继承才能更好地发展，这是人类发展的宝贵经验。

为什么要及时尽孝？

自从考上大学以后，家乡的感觉越来越模糊，只是在假期回家的时候，才能浮光掠影般重温家乡熟悉的味道。工作成家后，我常把父母接到自己身边，就更少回家了，家乡只是偶尔不经意的回忆，或者是父母从老家回来后，茶余饭后的谈资。

按老家的规矩，结婚后，总是要带着孩子和妻子回家一趟。正是这样的机缘，让我在离开故乡多年后，又回了趟老家。

当车经过外祖父的村庄时，我心里格外感慨——一切景象都是熟悉的样子，但已物是人非。我的几个舅舅坐在街上，弓着腰，像极了我外祖父的样子。看着他们，我不由得回想起了外祖父的一生。

外祖父早年给刘邓大军抬担架，回家时，发现腰间挂着的擦汗毛巾上，有几个弹孔。如果不是幸运，恐怕他早已经死在支前的战场上。新中国成立后，老人家从拉药兜（给医生打下手、做学徒）做起，后来自己从医，没几年，他已经是当地比较知名的医生。

1956年社会主义改造，老人家也随着大形势，带着所有的药铺参与公私合营。20世纪五六十年代，山东莘县的经济极端困难，外祖父收入极少，又不能在生产队参加劳动赚取工分，我的两个小姨还小，因为饥饿而用苦杏仁充饥被毒死，这成了一家人永远的心灵伤疤。为此，外祖父很自责和难过，一气之下离开了药铺。"文革"期间，外祖父又因为懂一些道家的修养功夫，被污蔑为反动会道门，被打得遍体鳞伤，夏天的单衣服浸着血迹沾在皮肤上，吃尽了苦头。

我小的时候，每年都要随着母亲带上水果和自己做的包子馒头去看望外祖父，虽然礼物很平凡，却是对老人家的心意。

我对中医的崇敬，很大程度上来自外祖父所开的药方。上中学时，我带着改变命运的愿望，学习特别刻苦，结果身体出了状况，心肾不交，也就是神经衰弱，晚上根本无法入睡，更不要说正常的学习了。外祖父用四君子汤，再加远志、石菖蒲、酸枣仁等，一服中药下去，我就可安然入睡，可谓神奇。因为外祖父的药，我得以顺利考上大学，而同校几个也患上神经衰弱的同学，则因为压力太大而休学。

读大学后，回家的次数少了，但一有时间，我还是会去看外祖父，喜欢和他聊天，喜欢听他给我说中草药的故事。可惜，岁月无情，在我读研究生时，外祖父去世，我心里非常难过，可又不知道如何说起。几次行文，都不得不搁浅。

人一生会结很多的缘，如果不懂得珍惜，迎面走来的时候，往往当面错过，或者经常在一起的时候不珍惜，都成了落花流水，随风飘去。当我十多年后再次回到少年熟悉的地方，有很多经历永远不会再来了。我多想拉着老人家的手，尽一点孝心，和老人家谈人生的沧海桑田、历史的风云起伏。可惜，这永远都是假设了。

幸好我还有自己亲近的老人，在老人的晚年，当多满足老人的心愿，多安抚自己的良心，在此生的缘分中，多一些心灵的圆满，少一点生命的愧疚。

为什么要感谢母亲？

每个母亲节，大家都在感谢母亲，可为什么要永远感谢母亲？大家想过吗？

从十月怀胎开始，我们就完全依靠母亲的营养得以成长，生产的日子是对母亲的生死考验。面对母亲血肉之躯的养育，我们如何报答？婴儿吃的乳汁，其实都是母亲的气血转化而来，可以说，母亲在用自己的生命养育我们。

从牙牙学语，到长大成人，能够自己养活自己，母亲又要养育我们二十多年。越是困难的家庭，母亲的养育越不容易，要付出更多的艰辛。而我们拿什么来感恩母亲呢？现在社会上存在的一些不尊敬父母、不孝敬老人的现象，实在有悖于天理。

人有一个弱点：和陌生人打交道的时候，还可以文质彬彬，却往往在和父母说话时容易发脾气，这万万不应该，父母是要孝敬的，不是我们受了委屈发泄的对象。那些出门在外的人更要知道，随着时光的流逝，能和父母在一起的时间并不长。

有一些人不喜欢父母的唠叨，实际上所谓的"唠叨"，多半是父母爱我们的表现，是希望我们健康成长所需要的叮咛。能够聆听"唠叨"是人生莫大的幸福，等岁月流逝，父母离开我们的时候，还能够听到"唠叨"吗？

祝愿天下的父母，健健康康，快快乐乐，吉祥如意。让我们从点滴做起，做一个孝顺的孩子！

永远的母亲大人给了我们什么？

至亲之人离世的痛苦，没有亲身经历过的人无法感同身受。母亲离去之后，我越发地感觉到母亲的伟大。

人一生要受很多方面的影响和塑造，但家庭教育往往起着决定性的作用。我的为人处世，我的人生理想，都和老母亲的教养分不开。母亲可谓我人生的一盏明灯。

母亲一生"无我"，处处替别人考虑，时时刻刻都在想着对别人好，怎么帮助别人。老母亲一生经历很多误解和委屈，但她任劳任怨，在逆境中前进，在忍辱中完善自己，在奉献中积累福德，在自醒中领悟智慧，晚年不忘时时接济别人。老母亲是万千平凡人中的一个，但正是在最平凡的生活中成就了自己，将修行融入生活，在生活中修行，在修行中生活，极高明而道中庸，极平凡又极伟大。

老母亲启示我的不仅是一种做人的模范，更是不断自我修炼的方法。老母亲以自己苦难奉献的一生，告诉我如何将做人和做事结合起来，在平时的生活中如何不断完善自己。老母亲完成一生的使命，给了我无比宝贵的精神财富，可谓功德圆满。我永远感恩母亲的言传身教，永远以母亲为榜样，为奉献社会、服务大众做力所能及的工作，回报生我养我的家庭、社会和国家。

对父母最好的感恩方式是什么？

母亲给我的教育，永远是我前行的力量。

小的时候，我的家庭属于村里比较困难的几户人家之一，仅仅依靠几亩田，没有其他收入，直到1984年，才解决温饱问题，但我从没有听母亲抱怨过。

尽管我们也很困难，但看到有邻居因为孩子多而生活紧张，母亲总是给他们做鞋子等一些生活用品。正是这样的耳濡目染，在我心里面种下了帮助别人和同情贫苦的种子。母亲教育我，正是经历了贫困，经历了一些不公正，所以才要永远引以为戒，吸取教训，以博大的胸怀帮助更多的人。能力大了，绝不能为了满足一己私欲而走上邪路。

面对家里的拮据状况，母亲把一年的时间都安排得满满的。冬天的时候，北方很寒冷，地里没活，母亲就不分白天黑夜地用纺车把棉花纺成线，这样就可以织布给我们做衣服。有时候我一觉睡醒还能看到母亲在纺线。到了春天，母亲就把这些线染成不同颜色，用织布机织成布，做成我们的衣服和床上的被单等。我的小伙伴都穿着新买的衣服，我身上则是母亲织的粗布衫，尽管有时我也羡慕，但我知道母亲的艰辛和家庭的不易。

夏天是一年最繁忙的季节。由于三十多度的高温，一般的人家都是下午四五点等天凉快以后再去干农活。而我的母亲在刚吃完午饭后，就带我们下地。炎热的太阳晒得头发蒙，几乎有眩晕的感觉。我跟在母亲后面，多少有一点不理解，就问："别人家都休息一会，等到太阳西下的时候再去，我们干吗去这么早？"母亲说："家里有那么多外债，除了好好干活，还有什么办法？人越穷，越要有志气，越要好好干活。"

这些情景，一直印在我的脑海里。母亲告诫的"越穷越要有志气"，也成了我一定要改变命运的动力源。到了秋天收获的季节，我常和母亲一起去地里摘棉花。有的时候，我也会躲在棉花叶子下面，看着蓝天和白云。多少年过去了，我一直还能记得当时白云和蓝天的样子。等把棉花摘满了布袋，就放在地头的塑料袋上晾晒。家里的小狗就卧在晾晒的棉花旁边，母亲还和我开玩笑："小狗也通人性，知道照看棉花了。"

我喜欢地里收红薯的活，把秧子割掉，挖地里面的红薯，带着猜测和欢喜看秧子下面的红薯到底有多大。更小的时候，父母白天在生产队里忙，晚上才有时间给自留地干活。有几次是父母吃晚饭后背着我去平整土地。父母干活，我玩累了就躺在父母准备的塑料袋上，父母给我披上他们的衣服，我一边看着他们干活，一边望着天上的月亮和星星，幼小的心灵里，总有很多奇思妙想。而今，记忆过滤了曾经的心酸和苦难，剩下的都是温馨和美好，它们点点滴滴融成了我的品格，定格成美好的回忆。

读初中的时候，我非常贪玩，学习并不好。中考时只能报考我们县最一般的中学。考试那天，母亲凌晨四点起床给我做饭，怕耽误我的考试，不影响我休息，每次经过我门口，母亲总是小心翼翼地不出动静。其实我都知道，那一刻，我禁不住流泪：母亲那么辛苦，还要四点起床给我做饭，她不知道我学习并不好，我怎么对得起父母的含辛茹苦？

我以倒数几名的成绩考入山东莘县二中。我决心努力上进，以自己的实际行动报答父母。后来我以文科班第一的成绩考上聊城师范学院，又考上首师大的硕士、北师大的博士，博士毕业后去了西北大学做博士后研究，这些持之以恒的努力，都出自报答父母深恩的初心。

我工作以后，母亲总是叮嘱我一定要兢兢业业。有一次我外出讲课，带了一点别人送我的茶叶。母亲看了马上问我："这是怎么回事？"我解释说这是企业的一点儿礼品。过了几天，母亲又一次问起。我一下子意识到母亲的担心，告诉她缘由，告诉她我没有拿不该要的东西。母亲听后，显然释然了，握着我的手说："孩子，不能要的东西，一分都不能要。这几天我心里一直害怕，绝不可做不该做的事，现在我放心了。"我听了后眼泪几乎掉下来。有时我在想：如果每一个孩子都能够真正孝敬父母，把父母的嘱托记在心里，是不是有些贪腐的官员就不至于身陷囹圄？

一个人的伟大不在于多高的学历和位置，而在于内心的纯净和善良。我的母亲没有上过一天学，但她老人家自然而然地爱护他人，设身处地地帮助他人，力所能及地接济邻居，母亲面对委屈，从来都是任劳任怨，唯恐让别人心里难受；母亲看待别人家的孩子，与自己的孩子一视同仁，没有分别，拿家里最好吃的东西分给孩子们；村里有来卖东西的人，母亲便经常安排父亲给小商贩们送饭……

　　我的母亲看起来很平凡，但老人家平生所体现的无我利他、乐于助人、甘于奉献、任劳任怨精神，是弥足珍贵的，那将永远成为我生命的一部分。

　　我们常说要感恩父母，我想最大的感恩就是学习他们的精神，传承他们的品格。我自认修为不及母亲的万分之一，只能力图按照母亲的要求去做，用一生写一个"孝"字。这个"孝"，不仅是在物质上照顾父母的身体，在精神上多陪伴父母，更在于用一生的勤奋和努力践行父母的教导，以最大的努力奉献社会、服务人民。

今天的孩子如何立志？

志不立，天下无可成之事。对于个人如此，对于国家，也是如此。每一个时代都有一个时代人奋斗的愿景和动力源。改革开放初期，为了改变贫穷的生活，为了改变自己的处境，很多人拼命地读书。而到了现在，很多家庭已经解决了温饱问题，甚至生活比较优越，这个时候，孩子为了什么奋斗和读书？这是全社会需要思考的大问题。

如果仅仅是为了个人的吃喝玩乐，恐怕当前很多孩子已经不需要奋斗了。在这种情况下，有远见的家庭和老师，就要提升孩子的愿景和奋斗目标，从改变个人的命运升华成超越"小我"的算计而为大众服务，只有这样才能解决当今孩子的理想缺失的问题。否则，没有超越的人生追求，沉溺于吃喝玩乐的感官刺激，再优越的生活，再富裕的家庭，也会"其兴也勃焉，其亡也忽焉"。

大家如果深究人类社会兴衰成败的周期律问题，会发现人心的波动也是原因之一。艰难困苦之时，很多人忧患兴起，拼搏奋斗，几十年打拼，遂成一片繁荣之象。结果，随着物质的富裕，骄奢淫逸者有之，忘乎所以者有之，腐化堕落者有之，浑浑噩噩者有之，社会颓势一旦形成，败亡之象无可挽回。因此，改革开放四十多年以来，我们应该以文化引导社会，引导人们有更崇高的理想，除了为自我打拼，更要有人生的情怀和使命，能够为利益社会而努力。只有这样，社会才能繁华而不失生机，富裕而有正气，让人民永享福祉，让社会拥有持久的和平繁荣。

从为了个人的吃喝玩乐而奋斗，升华到为社会服务，为人民做事，这是培养孩子有理想的必然步骤。否则，一个只为了自己"小确幸"生活的人，在吃喝玩乐满足之后，已经没有了进步的动力。

如何激发孩子的奋斗精神？

我们要学会激发孩子奋斗的勇气。一个没有自身源动力的人，不会有大的成就。可一旦激发出了孩子自身追求进取的力量，人与人差别就太大了，对孩子的影响也是格外不一样。

打一个比方，想激发一个人的勇气，可以用酒精来壮胆，也可以树立一个人的责任感。谭嗣同、周恩来等志士仁人，深感近代中国积贫积弱，决心铁肩担道义，为国为民置生死于不顾，这是真正的大勇。相比之下，有些人在酒精的麻醉下，也会因为一些小事，逞一时的匹夫之勇，当时豪气冲天，结果酒醒之后惊恐失色，对自己的冲动懊悔不已。

对于心智正在成长的孩子，如果只是用考取最好的大学、赚大钱、当大官、成明星等功利的目标去激励他们，虽然也能有一定效果，但流于狭隘。试想，一个只懂得升官发财、当明星赚大钱的学生，即便是成绩很好，可由于价值观扭曲，只知自私自利，在未来的人生道路上，问题也一定会越来越多。最终恐怕也会危害社会，毁及自身。

反之，启迪良知，赋予孩子正确的导向，告诉他们，做一个真正对社会有贡献的人，能主动承担社会责任，让这个世界因自己的存在变得更好一点，这样的立足点更高，眼界更为开阔，孩子势必越来越优秀。

如何培养孩子的定力？

一个人的心就像一杯水，水平静清澈的时候，才能清楚地照出外部事物；一旦水杯摇晃，一切都会变得模糊。这就是我们常说的"定才能生慧"。每一个家长，包括孩子都要清楚培养定力的重要性，不要轻易地动摇心志，不要轻易地被外部扰动。轻言妄谈、容易发脾气、闹情绪等，都是缺少定力的表现。

如何培养定力呢？第一是圣贤书的熏习。读圣贤书，开启心智，久而久之，就会慢慢地培养人的定力，这一点我自己也有体会。比如，如果我读道家、佛学的书，对所谓的功名利禄、万丈红尘，都多少有一点超脱。社会上多少人忙忙碌碌，东西追逐，最后不免"一切有为法，如梦幻泡影；如露亦如电，应作如是观"（《金刚经》）。经常读传世经典，让圣贤书里的智慧慢慢地熏陶自己浮躁的心，让躁动的心能够宁静下来，即"淡泊以明志，宁静以致远"（《淮南子·主术训》）。

第二，定力的培养和一个人的愿力有关。只有具有坚定志向的人，才能管好自己，不放逸、不散漫。定力的培养不是靠父母管教，也不是靠老师强制管理，最重要的力量来自孩子的内心。当孩子真有志气以后，就会产生斩钉截铁的力量：我要干一番大事业，非要培养我的定力不可。

最后，提升定力，要注重在现实中培养。我自己也有一点体会。上初中的时候，我是一个躁动的小孩子，没有多大定力，一节课很少能够全程安静地听下来，有时上着课，心早飞出去了，飞到操场上，飞到田野里，想着跟小伙伴你追我赶，在田间玩耍……

上高中之后，深感父母的艰辛，我决心要报父母的恩，要对得起父母的养育。在培养定力的过程中，开始看十多分钟的书都会很难，我就一点一点地增加时间，从看十多分钟，到连续看半个小时，再到一个小时，就这样一点一点地提升定力。半个学期之后，可以用一两个小时全神贯注地看书。上高中二年级之后，我特别不愿意放假，一旦放假回家就会觉得很失落，心里很喜欢坐在书桌前看书的感觉。说这个经历，是想说明，定力的培养是要自己下大决心，一点一点地增持定力，养成习惯。而好习惯的培养，坏习惯的去除，都需要大的勇气和毅力，需要有自我革命的决心。

家长们如何帮助孩子？

我在大学工作，时常遇到一些家长咨询孩子成长的问题。在一些家长看来，仿佛给孩子一个机会，给孩子找一找关系，他们就可以展翅高飞，就可以出人头地，这真是很幼稚很可怜的想法。

比如在考研究生的时候，一些家长大都是直接问你认识导师吗？你认识负责招生的老师吗？仿佛认识招生的老师，就可以直接招进来。要么是问你认识某单位的负责人吗？仿佛一旦认识某个单位的负责人，找工作就没问题，考试就没问题。其实根本不是这样。我们应该知道做事的程序，知道怎样才是真正地帮助孩子。

首先，做任何事情，都有规矩和程序，要走人间正道，要按照规定和程序来，不要老想着奇迹发生，不要以为抓住某个人、某个机会就可以彻底改变命运，这种想法害人不浅。

其次，任何事情，都是各种力量在起作用，绝不是哪个人说了算。不要简单地希望依靠哪个人，而是各方面的努力都做好，只有这样，才能争取到机会。比如考研究生，分数考得好，综合素质高，有理想有追求，导师欣赏，只有这样才可以被录取。

再次，给孩子最大的帮助，是教给他怎么做人，怎么做事，知道怎么思考问题，怎么能够积极上进，周到圆融，富有团队精神，不抱怨，愿意倾听批评，海纳百川，不断学习，只有这样，孩子才能逐渐成长为真正的人才。那种对孩子什么都包办，什么都想替孩子做好的想法，只能是让孩子变得能力低下，越来越不懂事。培养孩子不是包办，而是要让他独当一面,当然,这有一个过程。

最后,人生是一场修行,是一次登山,每一步都很重要,但绝不是一步登天,而要踏踏实实,一步一个脚印,水到渠成。这其中,有多大愿力,就有多大的未来,要做一个有理想、有智慧的人,能够处理人生面临的各种挑战和困难。人格是人生大厦的根,只有用德性和人格奠基,才能盖起人生的高楼,厚德载物,做一个有德性和人格的人。

请家长一定要对如何培养孩子的综合能力,进行深入思考,让孩子德才兼备。与其把孩子的未来寄托在某个机会上,不如培养孩子的德性、人格,提升孩子的智慧和胸怀,让孩子成为一个有理想、有担当、有智慧、有德性、有胸怀的人,假以时日,孩子一定会通过扎实的努力,做出一番事业。切记,自强不息才是人生法宝。

为什么孩子会厌学?

孔子曾说:"知之者不如好知者,好之者不如乐之者。"最好的学习状态就是自己内心生发出想学的力量,而且能够从学当中感受到乐趣。可问题是,现实的孩子,厌学者众多,少有"乐知者"的状态,这是为何呢?

贪玩,固然是孩子的天性,但如何发现和培育孩子学习的兴趣,是我们努力的方向。

乐知的人往往是有志向的人。一个人真正确立了奋斗的目标,愿意肝脑涂地地努力,任劳任怨地奉献,这个时候才能生发出想学和内心喜悦的状态。反之,如果学习的力量来自外部的强制和管束,就会产生很多痛苦。

乐知的人,需要善于发现自我。一个人的兴趣,在于自我发现,发现让自己真正愿意用心去做的事。但这种自我发现，不应受到外部功利的诱导，而是来自内心真实的感受。比如，一个孩子的兴趣是艺术，但由于身边的人不断地告诉他公务员多好多好，结果导致孩子误判，以为自己真的喜欢上了公务员职业，最终会在现实中碰壁。

孩子厌学，家长要分析清楚其中的原因：是不是家长努力不够，孩子的兴趣没有发掘出来；是不是家长跟老师沟通得不够，孩子还没有找到学习的方法等。只有把原因找到了，才能有针对性地引导，培养和激发孩子爱上学习，从中感受到快乐和自信。

在现实中，孩子的兴趣往往被社会舆论误导，被长辈和他人的期待扭曲，这是需要我们警惕的问题。

如何应对孩子青春期的逆反？

几乎每一个家长都遭遇过孩子青春期的逆反，当更年期的家长遇上了青春期的孩子，各种冲突、错乱和紧张交织在一起，我们不禁要问：为什么会出现青春期的逆反？原因固然众多，但其中有一对关系最为重要：一方面孩子在长大，自我意识逐渐形成并完善，需要自己为自己做主，自己决定自己的人生轨迹；另一方面家长还习惯于控制和替孩子做主，喜欢操控孩子的生活，喜欢越俎代庖，这必然会引发两种力量的激烈对撞，外在就会表现为孩子青春期的逆反。

如何应对青春期的逆反呢？关键是家长要认识到事物的发展规律，认识到孩子终究会长大，终究会自己做主，自己为自己的人生负责，而家长会在岁月的流逝中老去。因此，家长对孩子的培养，不应该什么都包办，而要引导和帮助孩子自己为自己负责，成长为堂堂正正独立的人。家长如果老想替孩子做决策，那肯定会引发很多冲突。人际的交替，万物的轮回，是没有人能抗拒的自然律。

因此，有智慧的家长，要随着孩子的长大而改变自己的观念和做法，要培养孩子自己为自己负责的能力；相濡以沫，不若相忘于江湖，孩子能够自己为自己负责，这恰恰是教育的目标和方向。同时，孩子要懂得尊重和体会家长的爱心，这样，家长和孩子各有自己的位置和角色，皆大欢喜。

如何解决孩子玩物丧志与沉迷网游？

中国有个成语：玩物丧志，是说一个孩子一旦沉迷于外物，势必会消磨斗志，弱化人生理想，甚至会贻误终生。在电子产品充斥每一个角落的时代，玩物丧志的问题，更加突出，需引起全社会的注意。据我所知，有些孩子打游戏上瘾，沉迷其中，荒废学业，甚至为了玩游戏偷父母或其他人的钱。一个在成长关键时期的孩子，自制力一般很差，不能有效自我管理，一旦被游戏吸引，就会毫无节制，毁掉的不仅是学习成绩，还有可能是孩子的德行与未来。

怎么解决这个问题？坦率地说没有什么好办法，只能是依靠全社会的努力。我们不能说网络游戏全是缺点，我们所要做的是尽可能利用电子产品、网络游戏的积极方面，并防范它们带给孩子的负面作用。

就政府方面而言，一定要加强行业指导和监管，对于违法的企业要重罚，严禁网络游戏侵蚀少年儿童。就企业方面而言，除严格遵守规则外，企业家的良心也非常重要。一个企业赚什么钱，不仅体现了企业家的良知和远见，也决定着企业的福报。如果走助益社会而赢得利润的道路，天经地义；如果通过利用别人的欲望赚钱，就有不同的结局。

对家长而言，一定多陪伴孩子，如果忽视了和孩子的沟通和管理，必然会导致孩子走邪路。家长是什么状态，孩子往往会受到什么影响。对于学校而言，不仅要做好管理，还要尽可能让孩子喜欢学习。至于孩子自身，要懂道理，要懂得自我约束，对于家长和老师的帮助，要懂得感恩。有些孩子，自己管不住自己；当老师和家长来管教时，不但不深切感恩，还要产生逆反心理甚至对抗行为，这就很不懂事了。

实话说，网络的大环境，谁也无法改变。我们所做的就是动员全社会的力量来关注问题，各自起到各自的作用，尽可能保护和引导好我们的孩子。

青少年暴力犯罪与沉迷于网络游戏是否有关？

社会上发生的几起青少年暴力犯罪甚至杀人的恶性案件，都和孩子沉迷于网络游戏有关。其中一例，一个已经达到承担刑事责任年龄的未成年人，杀害了一个小卖部的老板。办案人员在审理的时候，问他与小卖部的老板有何冤仇？罪犯回答"没有"。问他为何杀人？罪犯的回答让人震惊："杀个人也不算什么。"为什么会有如此荒唐的回答？经过仔细审理和追查才知道，这个小伙子经常打网络游戏，其中有大量的血腥和暴力场面。在游戏里杀人如麻，不用承担责任，在这种潜移默化的渗透之下，在孩子的心田里慢慢地种下了杀人如平常事的祸根。

现在的很多游戏，充斥杀人、血腥暴力的情节，游戏看似虚拟空间，实际上已经诱导人起了杀心，不知不觉地让孩子滋生急躁和暴戾的情绪，非常不利于孩子的成长，希望这个问题能得到全社会的重视。

对于这类血腥和暴力游戏，政府应该担负起监管责任，有关企业在遵守规定的同时，也要有造福社会的良知，至于家长和个人，那更是要明白其中的危害，做好自我管理。不仅是网络游戏，任何一个社会媒体，在推出节目的时候，都要想一想会给社会带来什么影响，尤其是会给孩子带来什么影响，切不可唯利是图。

我们保护孩子，就是保护国家的未来，保护我们的未来！

为什么说重视成绩，更要注意孩子全面成长？

高考成绩公布后，有一个高中班主任老师告诉我：今年成绩虽然高于去年，但他并不觉得高兴。我问他为什么？他说班级里平时非常自私的两个学生考了最高分，而那些做人厚道诚实的学生考试却不理想。我问他怎么判断自私？他说那两个学生平时值日多半推给同学，待人接物只考虑自己，把老师当作考高分的工具，仿佛老师对他好，就是为了拿奖金而已，对老师起码的敬重都没有。我听后默然。恐怕这些自私自利的人，所占的社会资源越好，对社会的危害越大，最后害人害己。

当我们天天谈教育重要性的时候，是否想过：到底谁该接受教育？不光是学生，家长、教师乃至全社会都要接受教育，都要明白品德教育的重要性。我们应该教育孩子什么？除了应试能力之外，孩子的综合素质、健全人格、奉献精神、合作意识等，都是教育的重要内容。否则，我们只能培养出一群精致的利己主义者，一群损人利己的人越成功，岂不是意味着我们的教育越失败吗？

今天谁还在认真听课？

做了近二十年的大学教师，我非常清楚地感觉到课堂气氛的变化。

我工作的单位是教育部重点大学，凡是考来的学生大都是一个地区成绩很好的考生。在互联网没有普及的时候，大家听课极其认真，几乎全部的学生都在聚精会神地听课。可是近几年以来，情况发生了重大变化，每当上课的时候，几乎多半的学生在看各自的手机和电脑，真正安心听课的学生变得非常少。请大家想：当很多学生根本不听课的时候，大学生活对学生的意义是什么？

对于这种现象，老师有需要反省的地方。需要改进教学方式、教学内容，尽可能吸引学生。但另一方面，作为老师，我心灵深处也有隐忧：学生是国家未来的建设者，有什么样的国民，必有什么样的国家，一个沉浸在碎片化信息环境中的人，一个没有大的理想、没有深入思考能力、没有超越性追求的人，读大学有什么意义呢？当一些年轻人习惯于各种漫无目的的上网、购物、娱乐的时候，这些学生要么无所事事、碌碌无为，要么浑浑噩噩、蝇营狗苟，这些年轻人的前途在哪里？国家的希望又在哪里？

科技固然给人们带来生活的方便，但也侵蚀了人们良好的阅读和思考习惯。在互联网的环境中，我们如何既享受它带来的方便，又能够警惕它带来的弊端，真正能够让科技提升人们的境界和智慧，是全社会应该思考的大问题。

怎样让孩子爱上历史？

在一次参加活动的时候，有孩子提问不喜欢历史怎么办？我问他为什么不喜欢，他说因为历史那么多年代，真是让人讨厌。同时参加活动的人听后也是频频点头，可见对历史存在误解的人很多。但实际上，对人类最有用的学科之一就是历史，最引人兴趣和深思的也是历史，针对历史的偏见，我们有必要做一点解释。

历史究竟是什么？绝不是一个个年代组成的符号，而是一代又一代人生活的记录，其中既有表层瞬息万变的历史现象，也有隐含的横贯古今的历史规律和大智慧。而且，历史从来不是远去的与我们无关的痕迹，而是流淌着的大河，从过去到今天，一直奔腾不息，走向远方。

历史中有鲜活的智慧和内在的规律，永不过时。我们抛开历史的泡沫，看纷繁芜杂的历史现象背后，有一以贯之的规律，我们称之为"道"。面对生生灭灭的历史沉浮，我们会发现凡是那些在历史上成就一番事业的人，都是顺应大道（规律和趋势）的人，凡是背道而驰的人，无不会被历史的长河淹没。这个"大道"，就是"人心"，就是老百姓的期待和愿望。任何一个人、一个组织，如果不能顺应人心，不能顺应人民的愿望，必然失败。这是历史发展的铁律，屡屡被历史所证明。所以，我们任何一个人，想做一番事业，一定要有利于世道人心，能够利国利民，只有这样，事业才能长长久久。而人心的背后，是源自人性的需要和希望。

历史绝不是一个个年代的符号，也不是一个个历史故事的堆积，而是有着铁一样的逻辑，那就是"因果相续"。比如，从明朝后期开始，中国开始"海禁"，不鼓励出海贸易，到了清朝的时候，闭关锁国和文字狱又成为"国策"，这样就严重地窒息了中华民族的创新活力和发展动力。这个"因"种下之后，鸦片战争之后的积贫积弱和落后挨打的局面，就成为必然的"果"。历史上任何现象，都不是无缘无故的显现，都有着复杂的"因果联系"。懂得这个道理，我们在阅读历史的时候，根本不是死记硬背历史年代，而是要把握历史背后的因果，这样就会发现历史是一部人生经验的启示录，永远有它的价值和意义。

因此，我们要让孩子知道历史有清晰的逻辑，历史背后有太多值得我们学习的智慧和经验，可以说对我们的生活有直接的帮助。

让孩子爱上历史，才能更好地学好历史，并从历史中吸收智慧，丰富孩子的人生，提升孩子的智慧。

孩子学国学，仅仅背诵可以吗？

有一些朋友问我：当前有些学校在推广国学教育的时候，只是要求孩子严格地背诵一些经典，并不能结合实际加以解释，结果导致孩子厌学等一系列问题，并询问我对此事的看法。这个问题涉及到如何正确看待读经教育的问题。

其一，国学教育是孩子的全部教育内容之一，但不是唯一。在今天，孩子应该接受全方位的教育，包括自然科学、人文科学等。国学只是其中重要的组成部分。不可人为地拘束孩子的视野和格局。

其二，国学教育不是简单的读经教育。读经典只是国学教育的重要组成部分。国学教育则是把中华文化的精粹教给学生，增加文化的底蕴和厚重，包括中医、书法、诗词等。

其三，在读经典的时候，背诵固然需要，但也要有一个度。同时结合孩子的实际，适当地加以解释，并从中受用，这样才可以让国学教育蓬勃发展。

要把国学教育放在孩子全面发展的格局中确定其位置和比重是必要的，但要结合孩子的实际生活，适当地阐发其智慧，塑造孩子的品格，开启孩子的心智，让孩子喜欢国学、觉得国学很有用，这才是国学教育长久发展之道。

此外，需要说明的是，面对当前的教育问题，任何一种方法都不是灵丹妙药，都只是起到自己的作用。教育的完善和改进，要多管齐下，知行合一，共同助益孩子的健康成长。

我们为什么一定要重视生命的教育？

看网上的消息，某大学的一名研究生，论文已经提交，毕业协议马上签署，却出现了自杀的悲剧。这不仅是家庭的悲剧，而且对社会也是损失，让人叹息。可是，我们不仅要问为什么会这样？只有分析了原因之后，才能对症下药，减少不必要的悲剧。

在大家看来，这名学生非常优秀，性格似乎很开朗，但还是出了这样的悲剧。究竟原因在哪里？这个学生在研究生实习的时候，不是很顺利，撰写论文也由于缺少实际材料支撑，被推迟一年毕业，虽然第二年还算顺利，但他的情绪变化很大，有了重度抑郁。在留给父母的几句话中，就有"活得太累"的自叹。

通过对他成长经历的分析，我们可以得出，这个同学之所以选择自杀的方式，恐怕与无法正确看待人生的波折有关系。现在有很多心理疾病，如果考察原因，实质和缺少生命的教育有关。如果无论我们遭遇什么，都能不惑，都能泰然处之，恐怕很多人生的悲剧就能够避免。

所谓抑郁症等精神障碍，给我们展现的不过是表征，问题在于为什么会出现这样的表征？我不懂医学，但依据自己浅薄的看法，感觉有一些是和自己的胸怀不够坦荡和超拔有关。看到自己不能脱颖而出就难过，看到别人比自己出色就嫉妒等，这其实是心胸狭隘，不能容忍别人比自己优秀的缘故；遭遇挫折就意志消沉，这其实和人生缺少历练和承受力有关。人生一世，有的几经沉浮，几起几落，都能处变不惊；而有的人，经受一丁点儿的挫折就怨天尤人，甚至自暴自弃。

由此观之，我们的教育，除了传授技能和知识之外，一定要重视生命的教育，让我们的年轻人能够正确地理解人生意义，能够正确地应对人生境遇，能够在面对挫折、得意等各种人生考验时，都能从容淡定，知道怎么看待，也知道怎么处理。

希望我们都能从这件事上吸取教训。教育孩子，不要只看孩子的分数，更要让孩子对生命有一个正确的理解，知道与人为善而不是自私，知道见贤思齐而不是嫉妒，不仅活得有意义、有追求，而且无论遇到什么，都有承受力，都不迷失人生的方向，都能通达、乐观、积极地生活。

怎样走好人生最关键的几步？

做任何事情，都有关键的步骤。虽然每一个环节都很重要，但只有把关键的步骤做好了，才会掌握整个局面的主动。

中学阶段就是人生旅程中最重要的环节之一。如果在中学阶段，一个人能够严格地自我管理，勤于思考，博览群书，在毕业的时候能够考上一个比较好的大学，就会为今后的发展争得主动。反之，如果在最该奋斗的时候没有奋斗，错失了大好的时光和机会，当其他小伙伴们珍惜时间、刻苦读书争取到成长和发展的好平台时，人生差距恐怕就一下子拉开了。即便是从此醒悟，也要付出更多的辛苦和努力，才能赶上人与人之间的差距。

升学、就业、婚姻，这是人生最重要的几次抉择。升学，涉及到今后发展的基础，某些机会会以学历为门槛。就业，涉及到一生专业技能努力的方向，今后发展平台的高度、成就大小，以及个人物质收入是否丰硕。婚姻，关系到一生的幸福，配偶选择对了，往往家庭和睦，能够孝敬老人，养育好孩子等。这对事业的发展，都是很大的助力，否则，会是无休止的痛苦和折磨。

我们常说一个人幸运，实际上幸运的背后是一个人的智慧和德行，是他依靠自己的综合素质能够把握好人生最关键的机会，能够走好人生最重要的几步，从而为自己争得了海阔天空的局面。

当然，人生是一场持续的长跑，暂时的落后都是很正常的事情，但珍惜时间，把握机会，走好人生最关键的几步，无疑对实现人生价值具有重要意义。

参加高考，如何才能考出好成绩？

高考，对一个人的重要性毋庸置疑。但怎样才能考出好成绩，需要注意几点。

平时的功夫是最重要的，但在临考前一定要有定力，定才能生慧。无论遇到什么问题都不要慌神，无论遇到什么境遇，都不要情绪起落。惊慌就会失措，狂喜就会乱心，一定要气定神闲，从容应对。只有这样，才能有更好的成绩。考试不是为了和别人比，别人考得怎么样，是别人的努力和功夫见证，我们只求自己发挥好。

此外，不要过于看重高考，越是太看重，越是影响水平的发挥。几十年以前，考试甚至能决定命运，但现在考试不过是人生的一次重要机会而已。再过几年，博士种大棚，硕士当保安，留学生当村干部，出租车司机有很多本科生，这类事就会司空见惯，这是社会进步的表现。人生终极的竞争，是一个人持续的学习和努力，是一个人内在的智慧和德行，是一个人在实践中历练的处理各种复杂事情的能力。

因此，很多人生的东西不是学校给的，而是自己在生活中领悟得到的。考到了名校，固然非常好，考得不是很理想，照样海阔天空，青山何处不道场？人生的输赢不在一次机会的得失，而在一生的奋斗和学习。只要我们永不懈怠，永远自觉学习，不断反思和领悟，终会有人生的灿烂花开。

大考之前的注意事项有哪些？

考试是每个人这一辈子都必须经历的事情，考试之前应该怎么调整才能达到较好的状态，从而考出理想成绩，我提几点看法供参考：

（1）定才能生慧，越是紧张时候，越要淡定从容，越是平静，越容易考好成绩。在定中，才能更好地发挥。

（2）考试是综合能力的竞争，成绩、身体、心态、人际关系都要注意。身体健康、心态平和、情绪稳定，任何干扰自己的事情都要排除，更不要自寻烦恼，在关系一生的竞争面前，其他都是浮云，一切要学会放下。

（3）复习得再好也永远不会完美，总是有各种遗憾，总是存在没有复习到的地方。不要担心，力所能及就好，放松心情，在现有水平下，尽可能考好，即便是遇到不熟悉的问题，也要力求多写几句，辛苦往往不白费。

（4）在回答问题的时候，一般说来：一是要点全面，条理清晰；二是阐发翔实，适当展开；三是可以有自己的深度理解（主要是针对人文科学）。

（5）凡事考虑周全，每一个细节都搞清楚。诸如考场在哪里，应该带什么东西，去考场不要迟到，严格按照监考老师的指令做题、填写名字、涂好答题卡等，切忌在细节的地方出现重大失误。

（6）考完一门课之后，切忌被情绪左右，所谓的感觉不好往往是错觉，是放大自己的失误所致；更不要自暴自弃，而要沉着冷静，尽最大能力一门一门地接着考。如果出现失误不要担心，谁都会有失误，吸取教训考好下一场考试即可。

填报高考志愿应注意些什么？

每一年高考结束时，如何报考适合的大学，都是每一个家庭和学生关心的大事。大学和专业选择得是否适合，关系到孩子一辈子的成长，的确应该引起家长和学生的重视：

其一，分数出来后，尽可能利用分数上的优势报考最好的学校。比如，有的学生分数比较高，能考上重点大学，结果因为其他人误导，报考了非重点大学，这会影响一个人的学校出身、综合素养培养和长久发展。所以能读重点大学就一定报考重点大学，能读三本的就不要读专科。因为专科只能毕业两年后才有考研资格，而任何本科都有直接报考研究生的资格。

其二，究竟选择什么专业好，根本没有固定答案，历史、哲学、中文、数学、电子等，哪个专业都能成就人才。关键的是孩子要喜欢，愿意去从事这个专业。大家想，哪怕笨一点的孩子，在一个自己喜欢的专业上用一辈子的时间去耕耘，也能做出成就。所以，愿意用持之以恒的兴趣去学习某个专业，这就是选择专业的重要标准。袁隆平先生所从事的工作是水稻品种的改良，我们听上去很枯燥，可他很热爱这个事业，并付出了一辈子持之以恒的努力，成为了卓有成就的中国工程院院士，造福无数国人，成绩卓著。

其三，在什么地方上大学为好？一般说来，各有好处。南方有南方的柔美，西部有西部的壮阔。能提供更开阔的视野，遇到更优秀的人，不断互相砥砺的环境则是最好。无论在哪个地方读书，都要好好地利用那个地方的优势，等以后工作了，读书的地方就是人生最值得回忆的地方。

其四，提醒一句，高考结束之后，无论考得怎么样，这和未来发展得好不好不是一回事。人生是持续的奋斗，是一生的竞争。考得好的人，绝不要骄傲，百尺竿头更进一步；考得不理想的人，须知人生的道路很长，更要发愤图强，争取在以后的努力中迎头赶上。不管是谁，不管在哪个行业，只有学到真东西，有安身立命的真本事，与人为善，乐于奉献，才能赢得未来，受到尊重。

考取名牌高校真的那么重要吗？

有一个学生给我发信息，说他志在考取北大的研究生，已经报考几次,都是名落孙山,可谓痛苦不堪。在他的眼里北大是高等教育的圣地,在北大每个人应该都有追求,都有抱负,都有对人民的爱和对国家的责任。

其实,一个人越是达不到奋斗目标的时候,往往越是生活在想象里,把这一目标想象得无比美好。名校的录取分数高一些是真的,但绝不要迷信,更不可神化这个群体。高考分数高一些低一些,与人品的高洁、志向的远大、做人做事的踏实、人生的大智慧等没有多大关系。我们可以说一些人会考试,有小聪明,但这和一个人有没有慧根,有没有担当不是一回事。很多普通人,没有上大学,或考取的不是名牌大学,但他们很有觉悟,能够以自己人性的光辉启迪很多人。我给一些所谓的名牌大学学生上课,课堂上的学生普遍玩手机,看电脑,真正有大情怀、大抱负的人并不那么多。

一个人真正的伟大,从长远看,根本不在于分数、地位和财富这些外在的事物,而在于内在的智慧、觉悟和高度,在于自己明了人生的意义,在于自己把握自己的命运,在于以自己的努力服务社会,奉献大众,实现自我的人生价值。

争取考好大学,但不要迷信,也不要为难自己。无论在哪个学校读书,有真本事才最重要。

高考、考研学校不理想,又能如何?

有一些朋友给我写信,告诉我,自己考研不理想,调剂到了普通的二本院校,然后心里很难过、很伤感,朋友家人有各种流言蜚语。我看了这些朋友的境遇,很理解大家。我想讲一点自己的故事,供大家参考。

我初中的时候成绩不理想,比较贪玩,中考的时候,只考上我们县最普通的高中,而且是录取学生中的倒数几名。这所高中普通到什么程度?

如果查这所学校的高考历史，应届生连续几年连一个本科都考不上。但我很珍惜这个机会，一方面这是我唯一考上的高中，另一方面我已经理解了父母的艰辛，绝不能虚度年华，这份对父母的责任给了我很大的力量。开学后我去中学报到，有人半开玩笑地告诉我：你无论多努力，毕业都是车轮滚滚，意思是高考升学率是零。言外之意，何必那么勤奋呢？

但我告诉这个人，历史都是人写的，曾经车轮滚滚，不代表今后也这样。我要努力改变车轮滚滚的历史。别人考不上，别人学不好，并不代表我也不行。话虽然这么说，但是我深有自知之明，考上高中之后的摸底考试，数学考了25分，英语考了42分，其他不记得了，可谓基础极其薄弱。但越是薄弱，越要更加勤奋，而且要找到学习的方法。三年之后高考，我的数学117分，英语100分，虽然不是很好，但已经有了很大的进步。高三毕业的时候，我是我们学校高中文科生中唯一考上本科的学生。后来反思这段经历，我越觉得环境固然重要，但自己的志气和努力最重要，如果自己不争气，再好的环境又能如何？反过来，只要自己好好努力，环境差一点，也可取得一点成就。

后来我到西北大学中国思想文化研究所做博士后研究，读到中国传统文化所强调的"命自我立，福自己求"，遂觉古圣先贤的伟大。人的命运，其实就在自己手里，在于自己怎么立志、怎么努力，事有不成，反求诸己，这才是改变命运的根本之道。那种借口环境不好的言论，无非是为自己的懒惰、懦弱、逃避责任找一个借口罢了。环境不好，就要比别人付出更多的努力去奋斗，这才是积极的思维方式。哪来的时间去抱怨？因为任何愤愤不平和怨天尤人，都只会让自己被淘汰得更快，更加落后，除此没有什么正面价值。所以，"天行健，君子当自强不息。"

愿每一个人都多一份踏踏实实的努力，少一些愤愤不平的抱怨，因为命运正是在点点滴滴的拼搏中，逐渐发生着改变，只不过我们不能太急功近利而已。祝大家心想事成，天道酬勤，人生越来越好。

远离人们生活的大学，路在何方？

在20世纪的80年代，大学被称作"象牙塔"，无论是社会的文化思潮，还是流行的文化观念等，都来自大学。可以说，那个时代，大学是整个社会文化的引领者和塑造者。可是在21世纪的今天，上网已经成为人们的生活方式，在人与人的交往和各种观点的碰撞中，社会成为新思想和新文化产生的基地，各种新观念、新理论、新技术层出不穷。相反，某种程度上大学却成了远离人们生活的地方，这不是很值得我们警惕和反思吗？

我发现，社会上的文化传播已经如火如荼的时候，大学里的一些人还在自娱自乐，还在封闭的小圈子里自我欣赏。如果大学再不审视和改变自己的角色定位，不能把握时代的潮流，恐怕将会被火热的社会大潮所抛弃。

大学一定要走向社会，走近人民，在社会实践中、在人民的需要中迸发生命力。否则，自我封闭的结果，就是逐渐地被淘汰。

在自己的小圈子里自娱自乐的时候，殊不知：两岸猿声啼不住，轻舟已过万重山。

考上大学一切就都好了吗？

在读高中面临高考的时候，家长和学校往往联合起来，共同给孩子灌输这样的观念：不要谈恋爱，不要玩游戏，要好好读书，刻苦用功，因为一上大学就好了，遍地都是爱情，学习再也不用那么辛苦，一切都是最美好的样子。结果很多孩子带着这种错误的导向认真读书，可一旦考上大学，这种对孩子的欺骗马上就显现出可怕的后果。

我在大学工作多年，发现很多学生考上大学后，自我约束松懈，生活散漫，两眼茫然，高中形成的好习惯很快就垮掉了。而且，由于现实的大学和家长、学校灌输的情况并不一样，很多孩子还会有强烈的失落感，甚至会出现种种心理疾病。

实际上，大学绝不是刀枪入库、马放南山的时候，相反，大学的生活应该更严谨、更辛苦、更有压力。读大学如果没有学到真本事，毕业后无法立足，更是严苛的考验。如果说高中学不好，还可以复读加以缓冲；而大学已经没有这个机会。因此，奉劝家长和高中学校能够正确引导孩子，让孩子懂得终生都需要奋斗，绝不是一劳永逸。告诉他们读大学不过是人生的又一次远航，而且远离家长和老师的管束之后，大学期间要对自己的要求更高，如果不严肃对待，恐怕代价极大。

考上大学，是为了更高的理想而奋斗吗？

我曾去某省重点中学做讲座，问及高三的学生有何理想时，大家齐呼：考大学。我继续问：考上以后呢？结果大家一时沉默了，实际上对于更长远的未来，很多人根本没有规划和思考。

如果放置在人生的旅程中，考大学能算什么理想呢？只不过是一个阶段性的目标罢了。真正称得上理想的应该是愿意用一生的兴趣和努力去奉行的目标。以此观之，孔子一生，以推行仁义道德为使命；岳飞则把"精忠报国"为毕生价值追求；周恩来则把"为中华之崛起而读书"视为己任。这才是真正的理想。他们用一生的时间实践了自己对人生的承诺。我不仅要问：新入学的大学生们，你们终生践行的理想是什么？

一个人的可贵，不仅在于有人生的使命和抱负，更在于能够矢志不移，不管人生面临多少考验，只要是真正该做的事，绝不忘初心。这就是孟子所说的"大人者，不失赤子之心"。就是说，对于人生该有的坚持和担当，无论千难万险，都永不会忘记当初的那份使命和情怀。

写上面的话，一方面是与大学新生们谈心，也是勉励自己。岁月蹉跎，人生时光如白驹过隙，只愿此生做一个真正的文化传播者和启蒙者，不辜负圣贤书给我的启迪和教诲。

愿大家过一个真正有意义的大学生活。

怎样过精彩的大学生活？

读大学的时候，很少有学生深度思考人生，不少人不知道自己的方向在哪里、应该怎么选择。比如考研，大都是别人考，我也考。殊不知如何学到安身立命的真本事，能够让自己的智慧、境界、格局、能力等有一个切实的提高，才是读研的意义所在。

任何一个人，有几个问题必须清楚：此生的抱负和使命是什么，如果不清楚，再努力也是浑浑噩噩。看很多大人物，周恩来的为中华之崛起，钱学森的科技救国，钱穆的一生为故国招魂，等等，都是非常清楚此生的使命和责任。

然后就是结合自己的长处和弱点，想清楚自己的专攻方向和职业规划。任何人想承担弘道的责任，真心给国家做点事，一定要有能力，要有服务大众的载体。比如袁隆平，就是通过水稻改良实现理想，梁漱溟通过学术研究实现传道授业，彭德怀通过赫赫战功载入史册。因此，一定要清楚自己的专攻方向和职业规划，这样，以后才会有实现理想和服务社会的载体。否则，都是空话和戏言。

再就是，每一个阶段要清楚自己需要做什么，万里征程，也要一步步走。每一个阶段对自己的成长意味着什么，需要用智慧驾驭，做好每一个阶段该做的事。

当然，这些问题并非一下子就能明确的，需要思考。有问题随时和智者多交流，就慢慢清晰起来。

方向清楚了，该做什么清楚了，然后就是制心一处，好好努力，让人生精彩。

人生要有哪两个目标？

进入大学，很多学生马上丧失奋斗的动力，茫然不知所措，对此我想告诉大学生朋友，人生要有两个目标：

第一是终生为之奋斗的目标，这是一辈子努力的方向。任何一个人，如果得陇望蜀，换来换去，根本不懂不在一个点上持之以恒地积累，就不会取得任何成就。

第二就是阶段性的目标，每一个阶段该做什么要清清楚楚。阶段性的目标是为了实现终生为之奋斗的目标做准备、打基础。

有了这两个目标，才不会被一时的成绩冲昏头脑，而是一个台阶一个台阶地奋斗，明白上了大学，不过是开启了另一段奋斗的历程。唯有如此，才能有积极向上的状态，过一个充实的大学生活。

为什么说听课要有提炼真东西的能力？

我们听课的时候，要注意辨析哪些是水分，哪些是干货。否则，沉浸在语言的花里胡哨、课堂氛围的各种渲染，结果发现课后没有多少收获，这不是让人遗憾吗？

我们和任何人交往，听任何人的课，都应该学会辨别、提炼出真东西的能力，这些真东西让我们终生受益，让我们通达圆融，让我们知道厚德载物。这些终生受益的财富，是我们人生迎风破浪的最好舵手。

当前，很多人沉湎于电子产品，在各种短平快的信息中浏览，已经变得麻木和心浮气躁，面对精彩的课，也丧失了提取智慧的能力，结果是悠悠岁月，却也不能学到真东西。

怎样读研究生？

很多学生在读研的时候，并没有做好准备，只是因为考上了而已。可是读研期间如果没有方向，无所事事，虚度年华，这样的人生成本极大，还不如到社会上去打拼和成长。

读研究生，从长远看，要有使命和情怀，对自己的人生而言，要做一点利国利民的事，不辜负人生时光，对社会而言，要做对大众有益的事，回首人生，觉得有价值、有意义。一个人的情怀，在于对社会的责任，在于对他人的苦难感同身受。从读研期间的收获看，一定要学一个让人安身立命的真本事，不管在哪个行业打拼，学到了真东西，才能让人尊重并拥有更多机会。

现实中，很多人对自己的人生没有深入思考，对社会没有责任和使命，更没有自己关注的问题，重要的无非是分数考得高一点。等考上研究生以后，不知道自己的研究方向，没有切实深入研究的问题，更不知道制定规划，在关注的问题上做出自己的回答，结果收到通知书时欢喜几天，真读研究生的时候苦不堪言。不知道怎么规划未来，根本没有长远的目标，自己不进步，导师也不满意。何苦呢？

希望在读或者准备考研的人，不仅关注考试的成绩如何，更要关注考上以后如何过得有价值和意义，真正不辜负青春时光。

如何撰写学术论文？

撰写学术论文，是读大学和读研究生的必修课，如何撰写论文，我提几点看法，供参考：

第一，首先要有自己关注的问题。思考应该成为我们的一种生活方式。这个问题可以是现实中的问题，也可以是学术上的问题。总之，首先要明确自己关心和思考的是一件什么事，这就是研究的对象，也是大家所说的问题意识。而且要对问题予以聚焦，清晰地总结和概括出问题的本质和问题的各个要素。否则，如果稀里糊涂，不能聚焦问题，更不能总结问题的实质是什么，说明自己并不知道自己关注的是啥，这就无法做探究。

第二，要查阅在这个问题上有多少人已经研究了，究竟有哪些观点，你在这些研究的基础上能够提出什么看法，支撑你论点的论据有哪些，这要做出严密的论证。

第三，根据学术规范的要求撰写论文。包括题目是什么，就是凝炼出你要研究的问题或者要表达的观点。然后是摘要，简要说出你论文的主要内容，写出论文中的关键词，就是论文围绕题目撰写的中心点。然后才是论文的正文，包括问题的提出，前人研究的成果和程度，你的观点和看法，以及你如何论证自己的看法。最后写上简短的结语。

当然，文无定法，个人有个人的写文章方式，不同单位要求的格式也不一样。但必须知道自己研究的是什么问题，前人研究到了什么程度，自己提出了什么看法，如何论证等，都是撰写论文需要注意的基本面。

以上一点看法，供做研究的朋友参考，希望有所帮助。

怎样读大学和研究生的收获更多？

我带研究生的这几年，发现很多人虽然考上研究生，但无非是别人考我也考的混沌状态，结果虽然读了三年书，浑浑噩噩，并没有实际的收获。和不读研参加工作的人相比，反而错过了三年社会上历练成长的时光，机会成本非常高。结合我看到的研究生读书的现状，加之我的思考，就如何读研这个话题我谈一点自己的看法，希望对大家有一点帮助。

第一，做人要有使命和情怀。很多人闷着头读书，不知道为什么读书，即便是分数再高，也不过是考试的机器。一个人，无论是对社会、国家，还是对于家庭命运、个人成长，都要有自己的责任和担当。一个人的能力可以有大小，但都应该有自己的人生规划，在心里面都应该有社会、国家、家庭、个人的一份责任。一个人心里面对社会没有切肤的同情和从心灵深处生发的责任，心里茫然空洞，或者沉陷于"小我"的自娱自乐，一定不会有大的格局和人生局面。

北京四中的前校长，曾经安排学生到河北贫困山区支教，两个月后，有个学生在他的办公室失声痛哭。这个学生从来没有见过一个人的生活如此艰难，就连基本的生活都很难得到满足。感触深刻之余，那个孩子在校长面前说出了他的理想，希望用一生的时间帮助在困难中挣扎的人。这就是悲天悯人的情怀，是对社会深切的责任感和使命心。一个人有了这样的情怀和使命，就会升起无穷的力量，支撑自己前行。不是哪一个人的人生都能够轰轰烈烈，但无论自己多平凡，都应该对社会有一份自己的责任和使命。

第二，要找准自己的人生方向。南辕北辙的故事，想必大家都阅读过；一个人，如果方向出了问题，走得越快，人生的弯路越长。准备前行的时候，应该慎重思考人生的方向。当然，人生的方向需要在实践中不断地调适，但人一定要有确立人生方向的意识。佛陀在教育学生的时候，曾经告诉学生：一个觉悟者，不一定空讲大道理，而是要有实际服务社会的本领，这就是佛学强调的五明：医方明、工巧明、声明、因明、内明。比如，一个人不仅有大智慧，世事洞明，而且有非常精湛的医术，这样，在治病救人的时候，就能够善巧方便地弘法利生，引人觉悟。

一个人无论有多大的理想，即便是希望弘扬人生大道，都要有过硬的本领，要有服务社会的实际能力。否则，说一些漫无边际的大话，没有实际服务社会的技能，最终一事无成。人生方向的确立，把握两点特别重要：自己最擅长的是什么，自己最喜欢的是什么；这二者的结合，就是人生的方向。找自己最擅长的，就容易出成就；找自己最喜欢的，就会生活得快乐。很多人在确定方向的时候，不是追问自己的内心，而是过多地考虑社会上什么最热门。实际上，所谓的热门专业，不过是暂时的，几年就会发生改变，最关键的是自己能学到什么。不管什么行业，只要有利于国计民生，自己能够真正学好，都会有很多机会。反过来，再热门的专业，自己学不好，也不会有好的发展。奉劝各位读研的同学，必须搞清自己的奋斗方向，踏踏实实努力，不要将命运寄托在一张文凭上，而是要学一个安身立命的真本事。

第三，对于该读的书，必须认真地阅读，打下坚实的基础。所谓该读的书，不简单是为了考试而编的教科书，而是真正经得起历史检验的精品，是本学科的基础。大家要认真阅读学科基础和代表本学科专业水准的书。读书，不一定要快，而是要沉下心来体会，有收获，这样才有意义。读书的时候，必须要思考，必须把思考写下来。很多人没有自己的思考，没有独立的判断，这样不要说很难成为杰出人才，就连自己的毕业论文都是问题。思维和写作能力是长期训练出来的，习惯了死记硬背的人，必须要培养自己观察问题、思考问题的能力，而且要善于语言表达和文字表达。很多人说不成话，写不成文章，语句都不通顺，更不要说思想深刻，文字优美,这都是平时缺少自觉锻炼所致。

第四,浮躁和急功近利,是年轻人的大敌。很多人期待一夜暴富,希望短时间内可以改天换地,这种不切实际的妄想,除了徒增人生的烦恼和自我折磨之外,没有任何价值。任何一个人的成功,都是多少年的积累,都是努力多少年之后才水到渠成。大家要有基本的人生智慧,要懂得罗马不是一天建成的,任何人生的辉煌,都是多少汗水的滋养和多少年华的沉淀。一个人的愿景和实力要匹配,多沉下心来踏踏实实地努力,为将来打拼,而不是好高骛远,更不可急功近利。任何一个人的努力,只要不到那个份上,都不要妄想春暖花开。

第五,我们常说德才兼备,厚德载物,这是真实不虚的话。一个做人的基本修养都不够的人,一定不会有大成就,也不会得到社会的认可。大家如果观察社会,但凡那些各行各业有突出成就的人,都有成功的理由。人人固然有缺点,但我们不要只盯住别人的缺点,要多学习别人成功的原因,这样自己也会更好地进步。如果把人生比喻成大楼,德行和人格就是大楼的地基;地基越扎实,人生就越有高度。古语云:"德不配位,必有灾殃。"我们都不是完美的人,但至少应该不断地反省,不断地改进自己。

如果要我推荐图书,作为一个中国人,不管什么专业,四书五经、老子庄子、坛经等代表我们民族智慧集大成的书,都应该读读。如果自己读不懂,可以选择南怀瑾先生的解读。除了学好专业技能之外,这些图书,传递给我们的是超越古今的智慧,培养的是超越小我的情怀和使命,这些是人生最宝贵的东西,是生命的灵魂和精神家园。愿每一个人都能不辜负青春年华,活出生命的意义感,做一个对社会有价值的人。

如何在时局大运中看教育？

教育孩子，要有站在历史大潮中的自觉和远见。

我以近代以来中国社会变迁的历史为例，谈一下教育的责任和使命。在近代的时候，国家贫弱，可谓风雨飘摇，人民灾难深重，这个时候，如何改变国运？根本还在于人。在那个时代培养的人，诸如毛泽东，身无分文，心忧天下；周恩来，为中华之崛起而读书；秋瑾，拼将十万头颅血，须把乾坤力挽回；正是这些人的浩然之气，支撑起近代中国的命运，让中国从极其衰败的境遇中开始逐渐改变国运，赶走列强，建立新中国。如果没有一批钢铁脊梁的人，不可能在那样艰苦的环境中完成历史使命。

改革开放以来，中国国运隆盛，生活富裕，这本是好事情，可是请大家注意：在国家蒸蒸日上、物质财富极大提高的时代环境里，我们的教育如何定位？这是根本性的大问题。大家看今天社会上阳刚之气如何？是否有阴盛阳衰的问题？是否很多人娇滴滴、软弱弱？当国运隆盛之后，我们培养的人缺少阳刚之气，没有雄浑大气的承载力和担当力，如何应对国家繁荣之时所面临的挑战和问题？

大家都知道历史的周期律问题，意思是人类的历史在兴衰成败之间不断地轮回，往往是低谷之后有复兴，**繁荣之后又衰败**，但如果深究历史周期律背后的深层原因，实则是人的问题和教育的问题。艰难困苦的时候，往往是文化界发出救亡图存的呐喊，激励一代又一代人为之奋斗。在繁荣富裕的时代，也是文化界轻歌曼舞，往往在"暖风熏得游人醉"的沉迷中埋下祸根。如果我们不想再重复历史周期律的覆辙，那就要找出应对的办法，其中很重要的就是要在教育上下手。

真正的教育家和政治家,要站在时节因缘的大潮中看清自己的责任,培养真正担负起国家长治久安责任的公民!比如,当前我们正实现民族复兴,国家发展也是蒸蒸日上,可是我们要预见到国家复兴之后的局面和挑战,面对今后国家面临的惊涛巨浪,我们培养的人要能够担负起未来时代的挑战,否则,如果我们培养的人出了问题,任何辉煌的事业也会灰飞烟灭,再壮观的局面也会随风而去。在今天,我们培养的孩子,应该有担当、有抱负、有使命,能够迎接各种挑战,无论面对多繁荣的局面,都能冷静清醒,面对各种压力,能够从容应对。否则,国强的时候恰恰民弱,在盛世之下长大的孩子,文文弱弱,不经风雨,没有大抱负和承载力,没有了人才的支撑,我们的事业如何能够长久发展?

因此,我们的教育不仅应着眼于当下的需求,而且要着眼于未来的挑战,真正培养出能够适应时代的变革、能够迎接时代的挑战并能够真正承担起使命的人。

有了经得起检验和承担历史使命的人,国家才有未来,人民才有福祉。

为什么教育是改变国运的根本举措?

在个人如何改变命运的问题上,有一本书《了凡四训》,作了专门的讲述,那就是积善行德,不断完善自己的言行,种好因,收善果,自强不息,从而实现"命自我立,福自己求"的目标。

如果说改变个人的命运在于我们如何不断完善、提升自我,那么,如何让我们的国家越来越好呢?根本的举措就是教育。通过教育,引导无数的人,甚至每一个人都能不断地完善自己、净化自己,那么国家的命运也会越来越好。

教育改变国运,要注意逆操作,也就是说要预见到国家发展的趋势,未雨绸缪，提早防范。比如，现在改革开放四十多年，国家欣欣向荣，可在富裕环境长大的人，难免会出现软弱、虚荣、自私、喜欢享受等现象，这些娇滴滴的花朵如何承担民族复兴的大任？因此教育就要逆向操作，越是在富裕时代长大的孩子，越要培养他吃苦耐劳、经受磨炼等一系列的品质，这样才能在国家发展中承受挫折，扛起民族复兴的重任。否则，一些男孩有不少的脂粉气，如何能够承担复兴国家的使命？

教育要面向未来，改变国运，那就要预见到中国未来会经历什么，从而提早防范，并要培养国家发展需要的人，从而让我们的事业后继有人，薪火相传。

为什么教育要润物细无声？

有一个家长给我分享孩子听课的心得：他的孩子原来脾气暴躁，非常逆反，不与父母沟通，做什么事情缺少坚持和耐心，让父母双方焦虑不已。后来家长跟我联系，问我解决问题的办法。我问孩子的妈妈："孩子今天出现的问题，是一天导致，还是多年积累的结果？"孩子的妈妈回答："是多年积累的结果。"我又问："孩子的问题，是某一方面的原因，还是多方面的原因所致？"妈妈回答："是多方面的原因所致。"于是那我告诉她："不要期待孩子一夜之间就能变得积极上进，善于沟通，这必然需要一个过程。"半年之后，孩子的妈妈给我发信息，告诉我孩子在听我的课程之后，已经发生很大的变化，开始反省自己，懂得尊重父母，注重和大家沟通，也愿意主动帮助别人，总之，孩子的变化让妈妈非常惊喜。

通过这个案例，我想告诉大家，在教育问题上，切记不要急功近利。孩子有了一些问题，这是很正常的现象。但在如何矫正的问题上，需要一个过程。就像一列火车，当它的方向出现问题的时候，要在逐渐用力的过程中，帮助火车逐渐改变轨道，而不是生硬地改变火车行驶的方向，否则就会出现翻车的事故。好的文化和教育，就像清水，孩子就像树苗，当用清水浇灌树苗的时候，不是马上枝繁叶茂，开花结果，而是要经过一个过程。

因此，希望家长和从事教育的朋友，能够有所领悟，用正确的价值观、积极向上的文化渗透孩子，塑造孩子，在随风潜入夜的过程中，润物细无声，让孩子走上健康成长的道路。

为什么素质教育与应试能力不矛盾？

素质教育，注重的是孩子德、智、体、美、劳全面发展，这应该是教育真正的目标。但现实中，由于评价孩子是否优秀的简单指标就是考试成绩和在哪个大学读书，这就使得在一些地方的素质教育仅仅是口头说说而已，并未真正落实。究其原因，在很多人的潜意识里，仿佛一旦实行素质教育，就会影响孩子的成绩，事实上是这样吗？

我有一次去西部上课，遇到一个中学校长，讲述了他推行素质教育的过程，给我很多启发。他所领导的学校，在城乡结合部，生源并不是太好，可这个校长有一个情怀，就是好好弘扬中华文化，推进素质教育。他给孩子安排了中华经典的诵读课程，结合孩子的实际加以践行，比如要孩子回家做家务，孝敬老人，与同学分享自己的学习体会等，学校安排音乐、美术、劳动等课程，这些课程不是走走形式，而是真正落实，从而激发孩子在不同方面的兴趣，总的目标就是促进孩子德才兼备，德、智、体、美、劳全面发展。

几年之后，该中学国学教育和素质教育的效果显现，大多数的孩子彬彬有礼，孝敬父母，尊敬师长，自己的成绩好，还能主动与大家分享，表现在成绩上，由原来全地区上百个中学排名靠后上升为全区第七名。可以说是翻天覆地的变化。后来，这个学校成为全省模范中学，很多校长和教育部门的领导前去参观、考察，学习其中的经验。

在问及办学经验时，这个校长告诉我：真正的素质教育，关注的是孩子全方位的成长，尤其是让孩子成为德才兼备的人，而在这个过程中，校风、学风都好了，学生不尊重老师的少了，互相帮助的多了，孝敬父母体谅父母的多了，爱好更广泛了，更喜欢上学了，这些素质教育的成果，更加有助于学生成绩的提高，形成了素质教育和孩子提高成绩的相得益彰。

通过分享这个案例，我想告诉大家：不要只关注孩子的成绩，更要关注孩子全面的发展，从而形成素质教育和学习成绩提高相得益彰的局面，这才是教育工作者应该努力的目标。

什么是教育的责任？

我们虽然提出了素质教育的理念，但在现实中，还一定程度上是把学生培养成为考试的机器。

考试不过是选拔人才的方式，在教育上，除了培养学生的应试能力之外，我们应该树立更长远的价值目标。比如，如何思考生命的意义，确立为之奋斗的目标，如何找到心灵归属的家园，如何懂得真正尊重生命，如何拥有智慧看待生命中的问题等。庄子说"哀莫大于心死"，今天很多年轻人最大的问题就是生命无意义感，根本不知道活着是为什么，不知道这一生的使命和责任。结果，很多人看起来仿佛很优秀，能考很高的分数，读不错的大学，岂不知光环背后是一颗颗浑浑噩噩的心，是狭隘自私的价值观，是根本不知道生命意义的漂泊灵魂。

所以，如何让孩子做大写的人，培养学生的人格、德性、理想、精神家园、生存能力等，真正让学生成为德才兼备的人，是教育的责任。

为什么说不能忽视健全的人格教育？

有这样一则案例：一个孩子，学习成绩还不错，就因为换到了更优越的环境，承受不了同学比自己优秀，也承受不了老师对自己的批评，结果出现了退学甚至心神恍惚等问题。家长带孩子看了很多心理医生，后来向我咨询。经过和孩子谈话，我觉得孩子很好，只是由于他从小没有受到承受挫折的教育，所以面对更优秀的同学，或者遇到老师的批评之后，开始出现某种程度的心理问题。

谈到教育，很多人只是一味地在意分数和名次，未曾思考教育更深刻的含义。教育最核心的目标是完善一个人的人格，提升一个人的心智。而考试的分数，背诵几个死知识点，无非是一种手段而已。现在可悲在于，我们有时候忽视了教育内在的使命，没有引导受教育者拥有健全的人格、成熟的心智、理性的判断能力、正确的价值追求，更没有能力恰当处理生活中面临的各种挑战和压力。结果，很多人看起来很优秀，考很高的分数，但并没有真正的智慧，不会看待和处理生命中面临的很多问题，也不过是考试的机器。

曾经有一个县里的文科状元，考到某著名大学读书，后来由于考研失败以及其他原因而跳楼自杀。这个案例告诉我们，分数固然重要，但我们务必要重视学生的全面发展，注重学生健全心智和德行的培养。由此，我们也能理解为什么一些人学习成绩并不好，却发展得很好的原因。

健全的人格和心智，最突出的表现就是能够正确地看待和处理人生面临的所有问题，在任何困难面前，都能百折不挠，一往无前。没有千锤百炼，难有健全的人格。

为什么教育要注意前进的方向？

低头走路的时候,要抬头看看路在何方。否则,没有正确方向的前行,看似很勤奋的努力,也许就是一步步地走向悬崖。

所有的知识,其发挥效用的时候,都有特定的时空条件。离开了这些条件,知识未必有多大价值,或者说知识的效用就会大打折扣。因此,教育不简单是老师向学生灌输知识,而是真正启发学生的智慧,让受教育者能够根据不同的环境和需要,游刃有余,圆融中道。

世界的美好,在于不同的风景交相辉映。教育不是把所有各具特色的孩子塑造成一个样子——一个没有创新力的民族一定不会有希望。教育恰恰要让每一个孩子真正成为与众不同的自己。能够独立思考,做大写的人,真正能以自己独特的人生风景而为人类的百花园增添美丽。

人生的两个支点,一个是人格,一个是智慧。有人格的人,能够吸引更多的人围绕在自己身边,形成一个磁场,共同为了理想而奋斗。有智慧的人,能够直面人生的各种考验,从容中道,进退得当,笑傲江湖。

为什么教育要启迪心智？

在孩子们没有判断力和思考能力的时候,我们要警惕强加给他们的一些非常不严谨的结论。

我当老师多年,在这一点上,感慨良多。举几个例子。

很多小孩子从小就被教条的灌输唯心唯物的概念,而且告诉他们唯物是对的,唯心是错的。这种教条和不严谨的教育,导致孩子们长大后不加任何思考就给很多伟大的哲学家、思想家打上唯心主义的标签而加以排斥。实际上,物质精神同等重要,一旦过于强调一方,就会出现问题。心物本是一元，任何偏颇，都是对真实世界的背离。可是很多孩子并没有全面地理解内涵，结果在根本不理解很多伟大智者智慧的前提下，就盲目地以"唯心主义"加以排斥，结果只能导致狭隘偏见的结局。

再比如，对于生死问题，我们应该保持一个开放的态度，而不应该断言死了就什么都没有了而拒绝深入思考，应该欢迎各种观点敞开讨论。

还有因果问题。这个世界，有因必有果，有果必有因，这是一个基本的常识，而且有些因果的对应很复杂，有一个长期的发展过程，这是一个世界的规则。令人不解的是很多人竟然把因果视为迷信。世界上的任何事情，都不会无缘无故，都是因果相续，如果一个人否定因果，无所敬畏，那么如何遵守底线和操守？

真正的教育要严格地遵循实证精神，而现阶段人们证实不了的东西，必须给人们讨论和思考的空间。如果一概武断地否定和指责，不仅会窒息人们创新和智慧提升的空间，更会导致民族的愚昧和浅薄。更重要的是，任何教育都要考虑到塑造一个什么样的人，如果我们的教育导致受教育者狭隘、极端，没有海纳百川的胸怀，没有对未知世界深切的兴趣和探索精神，没有敬畏之心，这个社会的信仰世界和心灵家园就会出大问题。一句话，只看到眼前的利益，只崇拜金钱和权力，做任何事不考虑因果，无所顾忌，没有底线和操守，这样的一锤子买卖，是不会有长久的未来和希望的。

学生伤害老师带给人们的反思是什么？

近一段时间发生了几起学生伤害老师的案子，让人错愕、震惊和痛惜。但事情出现，必有原因，我们应该好好反思，以警世人。

我们不探究学生伤害老师的个案原因，但就社会环境而言，有几点需要我们深思。

第一，我们天天喊平等的时候，是否想过人与人的伦理还应有基本的秩序。父母、子女人格上平等，可孩子对父母的尊重也是必须有的。学生、老师人格上平等，但是学生对老师的尊重也必须有。这种尊重，是我们应该广泛宣教的人伦秩序，是每一个人都应该知道的做人准则。老师固然需要提高自己的修为，但学生的一份恭敬之心也不可少。尊师重道的程度反映了一个社会的文明程度。家长、学校和社会舆论，一定要弘扬尊师重道的美德，人与人彼此的尊重，也是一个人在社会上立足的基础。

第二，成长是一个过程，一个人要在很多人的帮助下才会有智慧的提高和心智的成长，这是一个基本的常识。在成长的过程中，师长的帮助是极其重要的因素，我们应该对每一个帮助自己成长的人永怀感恩。老师的管束，本来是对缺少自制能力、容易在人生方向上走偏的孩子们的帮助，结果却被学生伤害，实在让人心痛。

总之，我们强调人与人的平等，但也应该有基本的人伦纲常。不同人之间应该怎么相处，应该形成社会的共识，需要把这些从小刻在每一个人的心灵里。对人没有恭敬之心，不知感恩的人，过于自私，而这种人格的矫正，需要父母、学校、社会等全方位的引导。

如何做一个好的老师？

韩愈曾经对老师有一个定位：传道，授业，解惑。这固然是很好的导向，但这个定位距今一千多年，现在时空都已经发生了很大的变化，那么如何做一个好的老师，就需要更多新的思考。

首先，老师的职业定位应该是什么？这是首先要明确的事情。知识分子承担着传承、弘扬人类美好价值观和优秀文化的责任和使命，把人类文明史上最灿烂的文化传承下来，培养堂堂正正的公民，促进社会的进步和发展，这应该是知识分子的职业定位。农民爱惜自己的土地，知识分子爱惜人们心灵的田地，如果我们用不好的文化污染人们的心灵，可谓罪莫大焉！

其次，知识分子努力的方向是什么？这涉及到教育的责任和使命问题。人性之中，既有积极向上的力量，如仁爱之心、是非之心、宽容之心、使命感等；也有引人堕落的力量，比如自私、贪欲、虚荣、攀比等。人类的历史，人类的所有辉煌，都源自积极向上力量的创造。所有人类的苦难，几乎都和人性的弱点有关。那么，知识分子努力的方向，就是不断地启发和引导人性之中积极向上的力量，不断弱化人性的弱点，从而让受教育者得到升华，让我们的社会越来越美好。

再次，知识分子一定要懂得"不患无位，患所以立"。文化的传播规律是从高点流向低点，如果自己没有真本事，没有高度，修为不够，那么我们有什么资格给别人做老师？所以身为老师，务必要在德行、智慧、业务等方面能够胜任这份工作，能够有资格引导孩子向更好的方向前进。

如果一个人没有对职业的敬畏和使命感，不能真正传播人类优秀文化和美好的价值观，不能引导学生不断升华，没有安身立命的真本事，恐怕无法做好"老师"这个职业。

如何做好中学教育？

如何做好中学教育，是全社会关心的大问题；中学教育存在的问题，也引起了全社会的关注和讨论。我们不禁要问：中学教育的问题到底有哪些？我们应该怎样做好中学教育？我把自己的一点思考写出来，供专家朋友指教和批评。

首先，我们一定要明确教育的宗旨是什么。当前一些教育的改革措施，为什么成效不明显？很重要的一个原因是没有聚焦教育要干什么，而单单是从考试的科目与分值的变化入手做一点调整，这不能解决教育的根本问题。所谓的教育，最核心的目的是培养德才兼备、身心健康、有独立思考能力、判断能力、选择能力和一定生活技能的人。当教育的目标清楚之后，才是教育的课程体系、学习体系、选拔体系、考试制度等问题的设定和改革。如果我们不能围绕教育的宗旨开展工作，一味注重成绩、注重升学率，这实际上是育人的偏差，如果不能牢牢抓住教育的目标来办教育，必然导致教育的扭曲。

其次，围绕教育的宗旨确定培养方案。比如，孩子的德行和人格怎样培养，身心如何健康，学习成绩如何提高，对社会的责任感如何培养，实际的能力如何培养等，这都需要研究和制定相应的培养方案。举一个例子，有些学生连最起码的对老师的理解和尊重、对同学的谦让和爱护都不懂，怎么可能成为一个德才兼备的人才？而且，同学们德行好，对学习也是很好的促进。反过来，一个遇到问题就指责学校和老师的学生，怎么可能成为一个有使命和担当的好公民？一句话，培养方案要着眼于提升学生的综合修养，而不能有所偏狭。

再次，选拔方式必须符合培养的目标。素质教育提出多年，为什么在现实中执行的状况并不理想？根本原因在于没有抓住"改革选拔方式"这个牛鼻子。面对德才兼备、身心健康、独立思考、判断力、选择能力等培养目标，我们应该制定多元的选拔方式，考试内容也要多元。选拔方式直接决定了中学的培养目标。

比如在选拔学生的考察内容上，应该包括以下方面：

（1）体现高中学习状况的学业成绩，即平时的成绩。

（2）高考成绩，即高中毕业时组织的统一选拔考试成绩。

（3）社会服务的时间。一个人参加服务社会、做义工的时间，由专门的机构（比如社区）等做出认定。

（4）学生学习期间的德行和操守的表现，对于那些辱骂老师、伤害同学、不遵守纪律的同学，要在平常的分值上表现出来。

（5）为了促进学生学习中华文化，增进学生的文化认同和国家认同，考试内容要包含中华优秀经典的成分。

（6）学生培养与考试选拔分开，培养学生是学校的事，考什么大学是学生和社会的事。这样可以避免不同高中之间的恶性竞争，引导学校专注做好教育。这样制定选拔内容，为学生如何提高自己和学校如何做好教育提供了方向，尽可能避免了只看重成绩的弊端。

在如何提高学生成绩的问题上，最根本的问题是由老师让学生学习，变为学生自己要学习。北京十一学校已经被塑造为中学教育的样板学校，李希贵校长的做法，核心就是一条——如何引导学生自主学习，这也是教育的根本所在。教育的根本目标就是培养一个堂堂正正大写的人，老师要由灌输者和保姆的角色，真正转向为辅导者和导师的角色，引导学生知道为什么学、如何学。反之，如果学生学习的动力没解决，自主学习的习惯和能力没有解决，单凭老师的监督和逼迫，很难达到帮助学生成才的目的，结果只能是学生厌学，老师身心疲惫。在现实中，只要学生知道为什么学，知道自己主动地学，很多问题就迎刃而解了。

最后，教育是一个系统工程，做好教育需要社会、家庭、学校、个人等全体教育参与者的共同努力。家庭教育和学校教育互相配合，这是做好教育的必然趋势。否则，老师一堂课的苦心引导，可能被家长的一句话和社会上的一些不好的现象所消解。同时，教育也是非常具有个性的社会行为，每一个教师的特点不一样、面对的教育个体不一样，因此我们在遵守教育普遍规律的同时，更要结合自己的实际做出有针对性的调整，对症下药，因材施教，以求得到最优的效果。

总之，做好中学教育，首先需要目标明确，然后在培养方式和选拔方式上做出适应性的调整，再就是需要全社会的努力，共同做好教育这篇大文章，这对于个人成长、家庭幸福、国家发展，都是皆大欢喜的好事。

为什么说教材是孩子健康成长的守护神？

教材的编写关系到孩子受到什么样的引导和启发，关系到孩子是否认同和热爱自己的国家和文化，这是关系国运的大事。

在人的成长中，国民教育是最重要的渠道，每个孩子都要经过国民教育的渠道接受教育，正是在这个过程中帮助孩子树立正确的价值观、人生观、世界观，引导孩子既要有民族的文化根基和自信心，同时又要培养海纳百川的胸怀和善于向别人学习的习惯。

因此，编写国民教育教材的人是什么心态，什么价值观，极其重要，这关系到他们把什么样的精神食粮传递给孩子，关系到能否培养孩子的文化自信、民族认同感和面向世界的胸怀。如果孩子从小接受的教育就是西方多么先进，就是西方、日本的孩子多优秀，那么，这些孩子长大了会成为什么样的人？能成为对国家有使命和情怀的人吗？

可以说，中小学生的教材，是孩子成长路途中影响最大的"老师"，能够潜移默化地影响孩子的判断和认知。所有关心中华民族未来的人，所有关心孩子健康成长的人，请一起来关心教科书的编写。让我们的教科书成为传播中华优秀文化的载体，成为启发孩子智慧的载体，成为健全孩子人格拓展格局的载体，成为既有民族自信心又有海纳百川视野的载体。

教科书的编写，兹事体大，不可不察，愿其成为孩子健康成长的沃土，而不是偏离民族文化土壤的歧路。

家国天下
匹夫有责

为什么说爱国是一个人天然的感情？

我的朋友陪孩子去美国游学，住在一个美国家庭里。其间，这个美国家庭带着宗教一样的感情，经常不厌其烦地说美国多好，美国多民主，美国是世界上最好的国家。当然，客观上美国固然有不少优点，但美国根深蒂固的种族歧视、容不下其他国家的发展、对弱小国家的霸凌等诸多问题，这个家庭的主人却只字不提。

我的朋友听后很感慨，美国政府没有花钱雇佣这个家庭宣传爱国，却有了这样的铁杆粉丝，忠诚地宣传美国多么好。而我们是不是需要反思一些问题呢？有一些人只看到国家的不足和问题，经常在宣泄不满中消解社会大众的国家认同和文化认同。试想，当国人没有自信，连自己的国家都不热爱的话，这个国家怎么可能有希望？如果说国家有问题，一定不简单是哪一个人哪一个组织的问题，而是我们每一个国民都负有责任。任何在谩骂中推卸自己责任的言行，都只有负面影响。可以说，国人的状态决定了国家的状态，爱自己的国家，是一个国民的天职。为国家的发展服务，也是每一个国民义不容辞的职责。

作为国家的公民，我们要懂得不是国家建设好了、强大了让我们去享福，而是要让国家在我们手里变得更文明更强大。天下兴亡，匹夫有责，只有人人尽心尽力，国家才会更好！

如何做一个清醒的爱国者？

这几天，有一个来自中国昆明的留美学生发表了一篇毕业感言，一下火了，原因在于对自己的祖国说了一些不符合实际的批评，对美国做了过分的讨好，结果引发各种评论。我大致浏览了一下，批评这个留学生的言论居多，也有很少的一部分持支持态度。我们在这里不讨论这个留学生言论的是是非非，只是就为什么爱国以及如何爱国谈一点自己的看法。

每一个人都是活在现实的土地上，我们每个人都有自己的祖国，国家如何，直接关系个人的幸福和尊严。正如同树木要长在土地里，小鱼要活在水里，鸟儿要飞在天空上一样。国泰才能民安，覆巢之下，岂有完卵？如果国家山河破碎，我们每一个国民哪里还有尊严和幸福？从这个意义上说，爱国是每一个国民的天职。

另一方面，正因为国家与我们每个人息息相关，我们才要更关心国家的发展和未来。在爱国主义教育的问题上，有四点应该注意：其一，对于国家的优势和前景，要有充分的认识，建立对国家的信心；其二，对国家存在的问题，必须保持清醒，这样才能励精图治，更好地完善和改进；其三，对其他国家的优势，要好好研究，海纳百川，善于学习；其四，对于其他国家存在的诸多问题，也要洞若观火，绝不盲目崇拜。

简言之，做一个清醒的爱国者，坚定地爱自己的国家，也看到自己的不足，善于学习，绝不妄自尊大，更不崇洋媚外。国家的未来，不能靠情绪化的指责，更不能靠恶意的诋毁，而要靠大家一起做建设性的努力。

海外留学的孩子，在一个毕业的典礼上，在外国的土地上，犯不着诋毁自己的祖国，更不应该在诋毁祖国的时候迎合别人。鲁迅曾对我们的国家多有批评，可是在日本留学的时候，他看到一些麻木的看客，便毅然决然地回国，对那些跪在列强面前的人，鲁迅称之为"洋奴"。徐悲鸿、邓稼先、钱学森等，都是带着舍我其谁的责任感，发愤图强建设祖国的拳拳之心归来的。一个真正爱国的人，不只会批评，他更会冷静地分析原因，并身体力行找到解决问题的办法。

做一个清醒的爱国者，面对国家的未来充满信心；面对国家的问题，从我做起，通过点点滴滴努力，让国家更好。

盛唐气象对中国的复兴有什么启示？

读盛唐气象，颇多感慨。几十万的移民和商旅云集长安，各种文化和宗教竞相争辉，伟大文化熏陶下的中华民族，文质彬彬，谦和自信，深远睿智，内敛而强大，让所有外国人，叹为观止，仰慕而尊敬。

我们今天在谈实现中华民族的伟大复兴，真正的国家复兴，绝不能仅仅是物质和科技的昌明，更在于博大的文化，能够让人民生活得幸福而有尊严，能够有恢宏气魄且海纳百川，不仅让自己的国家生机勃勃，更要给人类的文明提供中国智慧。只有在精神和文化上让其他民族尊重和敬仰，才能赢得世界的尊重。我们必须下大力气发展我们的中华文化，以文化的智慧为民族复兴保驾护航，创造中华民族的伟大未来。

国际交往中的"中国智慧"和"中国方案"是什么？

哪一个国家的外交理念，代表了人类国家交往的未来方向？我们不妨在比较中认识中国的外交政策和理念。近代以来，某些国家，不断制造对抗和冲突，企图垄断国际事务，强迫其他国家按照自己的要求去做，单纯强调自己的小利益。看到中国崛起，很不舒服，无端制造很多人为的障碍，损人不利己，而且最终危及整个人类的和平，冲击整个国际社会的发展。

中国的外交理念，根植于中华文化的大海，万物并育而不相害，认为人类是一个命运共同体，人和自然休戚与共，世界各国应该互相尊重、包容、学习，互利共赢。中国不主张党同伐异，更不主张以强凌弱。中国的发展，客观上给世界提供更多机遇，我们尊重每一个国家的利益和感受，不谋求自己的小利益、小圈子，而是营造人类社会的百花园，大家好才是真的好。人类生活在一个地球上，国家的领土面积有大有小，但都有相同的尊严。大家的事，要大家一起商量，共商共建共享绝不要像某些国家一样强加于人，更不要自我至上，自我优先。

人类如果希望有美好的未来，一定要让中国的外交理念深入人心，那就是国家和国家之间，一损俱损，一荣俱荣，共同发展，互利共赢，建构人类命运共同体、责任共同体、利益共同体，从而实现人类社会的互相尊重、互相理解、互相包容和协同发展。

为什么说任何民族都要有自己的精神家园？

任何时候，一个民族都要有自己的信仰和精神家园的安顿方式。一个觉悟的人，不是按照别人的塑造成为模仿者，而是自己成全自己的人生，自己实现自己的使命。一个国家，之所以能够立于天地之间，根植于自己的文化根基。

任何一个民族，都有滋养自己民族的圣贤哲人，都要对本民族文化的大师表示敬意和尊重。一个人也好，一个国家也好，要懂得维护本民族文化的主体性，爱护、传承和发展本民族的文化，固然需要海纳百川，学习其他文化的优点，但更要立足自己的文化根基，绝不可自斩文脉。妄自尊大不好，崇洋媚外也不好——要以我为主、为我所用、推陈出新、日新月异、不变随缘、随缘不变，这才是文化发展之道。

为什么说国家认同的基础在文化认同？

爱国主义教育的基础在于中华文化的教育，这应该成为国民教育的共识。空谈爱国，很难深入人心。国家认同的根在文化认同，文化认同的基础在中华文化的教育。一个真正了解中华文化的人，会自然而然地认同自己的国家、热爱自己的国家，并愿意以自己的努力为国家做点事。

一个民族面临的外部挑战，最可怕的就是精神被殖民。这样的民族，被洗脑后丧失自己的文化自信、历史认知和价值判断，甚至会怨恨和肢解自己的国家，刻意美化其他国家，爱国教育也无从谈起。一个国家无论多么开放，怎么海纳百川，都必须站定本民族的立场，维护民族文化的主体性。这一点清楚了，就不会迷失根本，犯下颠覆性的错误。

近代的时候，我们曾说对西方了解太少了，现在我要问：我们作为中国人，究竟对中国了解多少？我们是否了解中国几千年的文明史？我们究竟读了多少本中华文化的经典？我们是否感受到了中华文化之美？我们是否在内心深处认同自己的文化和国家？

我们要正视自己的问题，更要有自己的判断，爱护自己的文化，并结合新的时代发扬光大，在灵魂上做一个堂堂正正的中国人！

为什么说任何民族都需要精神与人格的高峰？

戴高乐是二战期间法国的大英雄，他在二战法国风雨飘摇的时候起兵，于万苦千难中为法国的独立而战，经历了九死一生的凶险，有艰辛不改其志的坚毅。法国在二战中被德国占领，而在二战结束后却成为联合国常任理事国，如果没有戴高乐将军，这几乎是不可能的事。

他一生不做元帅，只是一个准将，临终绝不让法国领导人发吊唁，埋葬的墓地只有两平方米左右，墓碑上只有戴高乐三个字。其做人的超拔和洒脱，让人肃然起敬。

伟大的人物如同一个民族的灯塔和路标，在历史的长河中给我们展示了做人的标准，行事的尺度。

历史的回流和险滩中，正是因为圣贤所昭示的精神和人格，一个国家才能在千险百难中找到前行的路，一个人也才能在孤苦飘零的奋斗中有心灵的慰藉和精神的滋养。圣贤就好比是一个民族的北斗星，我们并不是要用圣贤的高标准苛求每个人，而是说任何一个国家都需要人文精神的高峰，都需要指引我们不断前进的精神力量。每一个知识分子可以有自己的选择，就我而言，愿以广传圣贤的精神和智慧，为我一生的使命。

为什么中华文化是人类文明史上的奇迹？

在历史的长河中，多少民族和文化形态都烟消云散，中华民族却一直能够站稳脚跟。虽经历磨难，但它始终是人类文明史上有广泛影响的民族，文化的根脉从未中断，这是一个举世公认的结论，也是中华民族生机勃勃和中华文化厚重博大的最有力的证明！

我们不免要问：为什么只有中华民族才能做到历久弥新？中华民族生生不息、百折不挠的文化密码究竟是什么？

很多企业家希望做一个百年老店，这些企业家可曾想过：一个经历五千年考验和风雨的国家，其中有多少大智慧需要我们吸取？也许中华文化的一杯羹，就可以养育一个企业的百年发展。可以说，中华文化和中国精神，是中华民族最独特的精神财富，是中国人独有的宝贝，我们决不可数典忘祖！

从"大禹治水""愚公移山"中可以看出，中国人很早就知道命运操之在我，坚决反对任何外在的迷信和崇拜。天行健，君子以自强不息。

从"民为邦本""本固邦宁"中可以看出，中国人知道一个社会深厚的力量根源在于人民的支持和拥护，一切为了人民，一切服务人民，倾听人民的声音，反映人民的诉求，让人民生活得幸福安康，这是中国政治文化的应有之义。

从"道法自然""顺道而为"中可以看出，中国人认识到任何时候，都要认识规律、尊重规律、顺应规律。在规律面前，任何的天真、糊涂和莽撞，都会带来灾难性的后果，所以永远要懂得按照规律办事。

从"修身、齐家、治国、平天下"中可以看出，中国人知道内圣才能外王，只有人们的素质到了一定程度，才能建设美好的社会。一个人外部的环境只是内在状态的显现，只有自己的修为到了一定程度，才能有能力做成一番利国利民的事业。反之，如果人的素质和修为跟不上，任何美好的愿景，都是空中楼阁。

从"居安思危""否极泰来"中可以看出，中国人懂得越是春风得意的时候，越要保持高度的警惕和清醒。无论多大的成就，永不懈怠，永不僵化，永远不张狂，永远待人谦卑随和。越是艰难困苦的时候，越要充满信心，不断吸取教训，深刻地自我反省和总结，然后创造条件，走出低谷，创造辉煌。

从"和而不同""海纳百川"中可以看出，中国人尊重多元文化，善于学习，并能够在自觉学习别人的过程中，提升自己，壮大自己！以我为主，为我所用！

从"日新之谓盛德"中可以看出，中国人知道面对日新月异的变化，只有与时俱进，开拓进取，永不僵化保守，中国才有未来。一定要把解放思想、实事求是视为中华民族的传家宝，在任何时期，都要迎立时代潮流，做时代的引领者！

从"万物并育而不相害,道并行而不相悖"中可以看出,中国人知道人和人、人和自然、国家和国家、民族和民族,都要互相爱护、互相学习和尊重,大家好才是真的好!中华民族反对唯我独尊,反对赢者通吃、弱肉强食,主张大家互相尊重、包容,互利互惠,建立人类命运共同体。

从"天下为公、天下大同""民吾同胞、物吾与也"中可以看出,中国人有胸怀天下的气魄,有为天下人打拼的格局,有为天下人谋利益的觉悟。

从"见利思义,不义而富且贵,于我如浮云"中可以看出,中国人自觉将道义视为最高的价值,绝不赞成见利忘义,不赞成损人利己,主张"朝闻道,夕死可矣",将利国利民的事业视为高于一切的价值,从而涌现了无数可爱可敬可亲的圣贤和英雄。

……

我们有幸是中华民族之一员,应该好好珍惜列祖列宗留给我们的宝贵精神财富,在新的时代好好地继承并发扬光大。

当然,在历史演进的过程中,难免泥沙俱下,我们在继承中华民族优秀精神的同时,如何剥离和清洗附着在中华民族和中华文化肌体上的污垢,让中华民族更加生机勃勃,也是我们后世子孙的责任。

一句话,我们的祖先完成了他们那个时代的责任,面对未来,我们责任在肩,也一定能够创造新的辉煌,从而写好中华民族的历史!

为什么说消极的躲避,不如积极的融入?

万里长城是中华民族的一个符号,也是观察中国民族心理的一扇窗户。有人说万里长城是中华民族防御性心理的象征,而且带有保守的意味,此话固然有些武断和片面,但我们不妨从中反思我们的文化心理和民族品格。

万里长城并不代表中华民族是一个保守的民族。不独是中华民族，任何一个民族在遇到危险的时候，都有自我保护的天性和抵抗意识，长城就是这种自我保护和抵抗意识的外在表现。二战前期，法国预防德国入侵而修建马其诺防线也是这种心理的反应。从历史上看，由于生产力的落后以及中国的地理环境特殊，使得中国能够通过长城起到一定抵御危险的作用，而西方很多国家受地理环境所限，则根本不可能通过修建长城的方式抵御外部侵略。

近代以来，随着经济全球化的不断深化，再加上科学技术的突飞猛进，中国人总结了基本的发展经验：打开国门，积极融入国际社会，兼收并蓄，善于学习，以我为主。到了改革开放时代，中国人形成了一个集体的民族共识，那就是面对全球化的进程和各种挑战，只有勇敢地正视和应对，以自己的智慧引领全球化，中华民族才能屹立于世界之林。

万里长城，作为中华民族的一个文化符号，在今天我们不妨将之扩大和升华：中华民族不仅具有维护民族独立和尊严的坚强决心，更有融入时代潮流和直面挑战的勇气和智慧。任何时候，封闭和保守，只能导致民族生命力的倒退；开放、学习和融会贯通，才是生生不息的力量之源！我们要树立民族的自信，但这种自信一定是勇于敞开胸怀面对世界的自信；中华民族是一个善于学习他人优点并且为我所用的民族，一个坚定文化自信而又海纳百川的民族，一个面对不同文明不断学习的民族，一个勇于反省和自我批评的民族。我们拥有这样的自信，才能拥有未来。

岳飞的精忠报国对现在有什么意义？

某次去河南安阳汤阴做文化交流，我不觉想起汤阴是岳飞的老家。岳飞以一曲"仰天长啸"，一行"精忠报国"，永载史册。他的一生，光明磊落，是直心道场。回望英雄落难，我不觉悲从中来，几度落泪。今天，有些人对岳飞的精神有一些偏见，我认为应该予以纠偏。

岳飞的伟大，在于放下"小我"，为国为民以命相搏，去捍卫国家的尊严和人民的福祉。敬重岳飞，其实就是敬重我们的民族精神中"精忠报国""杀身成仁"的那部分。即使是有当时的时代痕迹，也掩饰不住他理念上的光辉。

周恩来总理从"为中华之崛起"起步，到鞠躬尽瘁地走到人生的终点，这何尝不是"精忠报国"？"与有肝胆人共事，从无字句处读书"，礼敬所有为国为民不惮于前驱的英雄！中华民族历经几千年而不息，是这些脊梁挺起民族的尊严！

我们不该拿今天的世界观去苛求曾经的英雄，在那个时代，他完成了他的使命，我们需要的是反思：我们在当前这个时代，应该如何承担起自己的责任和使命？

为什么说我们的文化心态一定要健康？

一个民族，强大时不可妄自尊大，更不要走向唯我独尊的傲慢和僵化；落后时不可妄自菲薄，更不可忘记根本，数典忘祖，做不肖子孙。对国家的热爱，以不迷狂为界限；对国家的批评，以不肢解对国家的认同为界限。

对国家的批评，是否站在希望国家好的立场上至关重要。如果批评的结果导致人民不信任自己的国家，那就是罪莫大焉。

国力发展的快慢，是一个时期内的正常现象。任何国家的现状都不是固定不变的。我们中华民族，曾经很强大，但由于近代的封闭僵化，结果遭遇了巨大的苦难。近代以来，中华民族发愤图强，我们的国运正在不断隆升！从过往吸取教训，确保中华民族长治久安，繁荣昌盛，这才是有志之士应该采取的态度。

为什么我们不能妄自菲薄？

自己看不起自己的人，不会建立人生的伟业；自己看不起自己的民族，也永远不会有复兴的希望。

有一次和国学班的朋友们交流，有人刚从加拿大回来，感慨国外多么文明，中国人的素质多么需要提高，诸如此类，满脸的表情都是对国外的艳羡。随着中国的发展和民族自信心的提升，妄自菲薄的心理逐渐被人们所摒弃，但仍有很多人不乏媚外心态。我告诉他："你的这个结论，初看仿佛有道理，实际上背后的原因复杂，而且在价值导向上更值得反思和警惕。"

西方国家在资本积累的时期，何尝不是罪恶累累？不仅本国的民众饱受苦难，而且非洲、亚洲、拉丁美洲，哪个地区没有遭受西方列强的凌辱和掠夺？经历了两百多年发展后，西方社会逐渐走上正轨，开始重视法制、规则、人权等价值，这是他们长时间发展之后的结果。但另一方面，当今西方国家的问题多多，社会治安的隐忧，政党之间的内斗与拆台，政治被金钱绑架，社会治理的低效等，这都是不容忽视的大问题。中国改革开放四十多年，已经取得了巨大的成就。我们有自己的问题，但我们也有自己的优势。任何一个国家的发展，都要经历一个过程，今天我们看到的很多社会问题，都会在发展的过程中逐渐化解掉。旧问题解决，新问题产生，这就是人类社会的常态。随着中国社会的发展，现在我们不正是在文明富强、公正守规的道路上大步前进着吗！

民族自信，绝不是骄傲，更不是看不到别人的优势；而应该是海纳百川与民族自信的有机统一。要在看到别人优点的同时，绝不忘记自己的根本，不丧失对父母之邦的认同和热爱。

实业在国家振兴中起到什么作用？

曹德旺先生是我很敬重的企业家，他踏实做实业，倾心做慈善，他的奋斗经历和说过的话值得很多人学习。看他做实业的理由后，也引发了我的思考。

中国的真正复兴，必须靠实业立国，绝不可让金融泡沫、地产泡沫等销蚀了国家根基。但怎样才能真正促进实业振兴、真正吸引企业家在中国做实业，必须在税赋、政府公共服务、社会投资环境和政策服务等方面下大力气改革，真正让我们的企业家、年轻人愿意做实业，并看到希望和未来。

推动国家进步，切不可饮鸩止渴，搅动泡沫，看起来五颜六色，实则瞬间灰飞烟灭。要做实实在在给国家、人民创造财富的事业，才经得起历史的检验。

为什么说大一统是中国历史最宝贵的经验之一？

中华民族几千年以来，之所以能够经历无数的磨难而历久弥新，其中最值得总结的优良民族基因就是"大一统"思想。可以说，追求祖国统一，维护民族团结，这是中华民族血脉里的文化基因，任何人，任何组织，如果违背国家统一和民族团结的大势，必不能得逞，必然遭受挫败！反之，中国一旦四分五裂、民族之间内斗，必然是生灵涂炭、万劫不复。

现实中分裂势力等某些逆历史潮流的人，将自己的妄想和所谓的"理念"凌驾于人民的安危之上，不能正确地认识历史和现实，相反，企图将人民的幸福绑架在自己主观臆造的所谓"理想"上，可悲也可恨。

任何政治人物，要从民族大义思考问题，要从人民福祉的角度思考问题，要从时代的大潮中思考问题，绝不能自以为是，刚愎自用，更不可顽固不化。

一个人，要在客观的情势中做判断和选择，而不是妄想客观情势随顺主观的企图心。主动顺应历史大势，而不可妄图改变历史大势，在规律面前，任何人都是顺道则兴，违道则亡！

实现国家统一，民族团结，这是中华民族之大幸，也是任何一个有觉悟的中国人必然的选择！

怎样对待人类社会的"常态"和"病态"?

人类文明的历史,有常态和病态两种基本形式。从常态而言,应该社会公正,官员清廉敬业,人民心情舒畅,安居乐业,各行各业各安其本,做好自己该做的事。这样的社会,君子务本,社会井然有序,国泰民安。但是,随着历史的变革,腐败滋生,社会不同阶层的差距加大,民风败落,人民生活苦难,这就是社会的病态。一旦到了病态,历史上大变革的时代就开始了,结果往往是经过血雨腥风之后,社会才重新回到常态。

从历史上看,有的思想家,其思想凌厉,像一剂猛药,那是解决病态问题的良药;有的思想体系温和中道,是常态社会的心灵营养。比如在乱世的时候,需要威猛的领导人统一国家,确立秩序,这个时候法家的思想有一定价值。但在安定时期,如何教化人心,确立秩序,引导整个社会讲求礼义廉耻,仁义道德,儒家的思想就格外有价值。

为什么社会治理是各种要素的有机统一?

很多人以为"依法治国"就是治国的灵丹妙药,仿佛法治是解决社会问题的"一招鲜",其实并非如此,治国必是多管齐下,多种治国方式有机统一。

历史经验教训是我们不断前进的重要资源,我们要懂得以史为鉴。辛亥革命后,同盟会同意孙中山先生做临时大总统,却把正式大总统的位置虚位以待,等袁世凯逼迫清廷退位后就任。孙中山明知自己临时大总统的位置，却能够以成功不必在我的觉悟，珍惜历史赋予的机会。他认为谁当总统没有关系，关键是有一套好制度。在孙中山先生努力之下，1912年3月，临时参议院通过《临时约法》，对国家制度做了一系列的规制，包括权力来源，分权与制衡的原则等，都做了较为完善的规定。孙中山原以为有了这套制度，民国就有了护身符，结果袁世凯任大总统后，废止《临时约法》，皇帝之心不死，辛亥革命后在民国的招牌之下，演绎的仍然是豪强政治，军阀割据，生灵涂炭。中国社会则从原来有一个皇帝，变成了遍地都是土皇帝，如鲁迅所形容的"梦里依稀慈母泪，城头变幻大王旗"。

历史的经验教训历历在目，我们不要以为一个举措就可以让社会海晏河清，社会的治理是文化、信仰、道德、法治等各个要素的综合体。所以，国家在强调依法治国的时候，又格外强调以德治国的重要性，可谓高屋建瓴的政治远见。那种以为一个所谓的法治"绝招"就可以实现社会大同，其实体现了某些人看问题的天真。

学术界有这样一种现象：研究什么，就容易沉陷其中而夸大自身学科的重要性。其实任何一个学科都有它的价值，任何轻飘的自我放大，终会在历史的车轮下化为一声叹息的谈资。

历史是各种力量的合力，中国的未来，不是简单的哪一种力量就可以撬动。可是，每一种力量，也都以自己的方式起着作用。经济富裕、社会公正、法治昌明、文化繁荣、社会和谐等，都格外重要。

因此，实现民族的伟大复兴，需要我们人人努力，需要各种措施有机统一，这样国家才有希望。我们每个人即便力量微薄，也是推动国家进步的正能量。

为什么说评价社会是否进步的重要标志是"道心"的扩充?

大家阅读中国典籍,老子说"失德而后有仁,失仁而后有义";汉代的《新论》一书,也说"三皇以道,五帝以德"。这些典籍有一个特点,就是说历史的变迁实际上是不断退化的过程。这似乎与我们的感知相背离,这些大思想家为什么这样说呢?

《尚书》说"人心惟危,道心惟微",意思是人心之中既有人心,也有道心,人心即是贪欲,道心即是良知。我们固然希望道心被启发,实现井然有序的局面,但现实中并不如此简单。各种诱惑的存在,使得人心被激发,道心被蒙蔽,这是不得不正视的现实。

什么是社会的进步?不是有了新的科技发明就是进步,而是人的心灵世界不断地被净化。只有道心(良知)更多地被发扬,人心(贪欲)更好地被制约,才是人类文明进步的根本。

老子说"世人皆知善之为善,斯不善矣",意思是大家都知道某一种行为会受到表扬时,人们就会想尽各种办法来欺骗舆论,谋取利益。比如,如果规定帮助孤寡老人的人可以被提拔重用,那么会有无数的人去看望老人,但人们是否曾经想过,老人的身体哪里经得起那么多的折腾呢?

一个人小的时候还没有很多心机,按老子的话说就是"闷闷",可是长大以后却学会了很多人生的圆滑和世故,你说这是成长,还是堕落呢?

社会的发展也是如此。人心被激发之后,就要完善制度加以防范。但越是这样,人心越是想着办法规避制度,制度也只能更复杂。这就是老子所说的"法令滋彰,盗贼多有"。

因此,人类的文明是不是越来越进步,那就看我们的道心(良知)是不是得到更好的保护和引导;我们的人心(欲望)是不是得到更好的限制和规范。

什么是社会发展的"变"与"不变"？

我们生活在一个随时变化的世界，如何在变化的世界里保持自己的志向和愿力？在坚守志向的过程中，如何学会随缘而让自己更适应环境？"不变随缘，随缘不变"，这句话给了我们回答。

我们观察宇宙的运行，是有纲常规矩的。地球无论怎么运行，指向地心轴的位置始终如一，每一个星球各有各的轨道，如果不是这样，秩序大乱，后果不堪设想。这看似简单的现象，却能带给我们深刻的启迪和思考。

我们说万法无常，可在这不断变动之中，有着永恒的不变，如同地球永远围绕太阳运行。由此，我们也可以思考被生生灭灭的乱象掩盖的人类文明，实则有一个不变的大轴在。正因为有这个大轴在，乱象丛生也好，花花世界也好，都不至于偏离轨道，不至于发生颠覆性的后果。

一个人会经历很多事，可是只要他有正知正见，无论人生如何变化，随缘之中有个不变的东西，这个人就可以在乱云飞渡中望见自己的北斗星，不至于迷失人生的根本。这也是《华严经》所言的"不忘初心，方得始终"。再比如，一个日新月异的社会无论怎么变，指导人类文明前进的价值、理念和智慧都不会变。如果人类文明最核心的价值理念和智慧都丢了，人类社会必会出现大问题，二战期间军国主义和法西斯的惨绝人寰，就是根本背离人类美好价值和理念的恶果。

因此，我们对"开放"和"进步"这些词要重新审视。究竟什么叫开放进步？难道以前不让做的现在可以做了，就是开放进步？可是，如果人类社会的某些限制恰恰是为了确保文明的正确方向，就应该尊重人类文明的某些规矩。地球有自己的北斗，人类社会也有自己的北斗。如果人类社会失去了依靠，迷失了方向，那么，一场释放欲望的狂欢之后，人类文明会遭遇什么？

我们不妨认真思考人类社会发展中的变与不变。哪些东西是生生灭灭的变迁？又有什么是人类的北斗？如果我们找出了人类社会的北斗星，人类的文明就有了正知正见的依止，在人类社会变动不居的长河中，就有一种防止堕落的制约力量。正是这种力量，让人类社会无论如何日新月异，永远也不丢失人类文明中最美好的价值，从而让人们生活得更有尊严，更文明，更幸福。

为什么会有"喷子"？

不知道大家是否注意到"喷子"现象。一旦遇到和自己看法不一致的观点，立刻恼羞成怒，恶语相加，甚至人身攻击。这其中的原因何在？

从社会的角度看，我们还有需要不断完善的地方，有不少不尽如人意的地方，这是客观事实。从个人的角度看，一些人就喜欢推诿责任，批评他人，对社会横加指责，从来不反思自己的责任，更不懂得从我做起。这就是喷子现象出现的主客观原因。

社会的多元化是基本事实，不同的人一定会有不同的看法，这是很正常的事情，只要不违背社会公共利益，不危害他人，对不同的看法，我们要带着包容和学习的态度，而不是暴怒和指责。从个人修养的角度，一旦遇到一点不同的看法，就情绪大变，甚至不能自控，这样不仅会让情绪蒙蔽智慧，说很多过分的话，做过分的事，更会失去智慧的判断，甚至会引发人生的悲剧。有不少人生的横祸都是情绪不能自控导致的。

因此，对待多元世界，我们不妨学习孔子的"君子和而不同"，尊重不同看法，欣赏不同观点，学习他人的智慧，见贤思齐，见不贤而内省。我们更应该学习孔子的"君子求诸己"，遇到事情后，多反思自己的问题，多从自己出发，不断地完善和改进，人人如此，社会才越来越好。这样，不仅让我们有了淡定从容的智慧，而且多了份好心情，也无形中减少了很多障碍和冲突。

为什么说"中道圆融"是管理学的大智慧？

《中庸》特别强调中道，这是世间处理问题的大智慧。在处理各种社会关系的时候，能够维持各种力量的平衡，是我们做好管理工作的重要方法。

以治国策略而言，唐代即重视中华文化的弘扬，儒家、道家、佛家，不偏不倚，相互辉映，诸多大家群星灿烂；在以我为主的时候，又能够海纳百川，积极发展对外关系，西域、欧洲、高丽、日本等与中华友好往来，一时呈现大唐盛世，为中华历史之丰碑。近代历史上，清政府狂妄自大，自闭国门，不懂得向外学习，刚愎自用，自绝于现代文明之外，结果导致被世界潮流抛弃，引来千古未有之屈辱，实则咎由自取，自作自受。

新中国成立后我们学习雷锋、焦裕禄等，推行全心全意为人民服务的思想教育，这对于提升民族的精神境界，起到了重要作用。可是另一个方面，老百姓的吃饭问题未曾解决得很好。前事不忘，后事之师，改革开放后，我们决心以经济建设为中心，大力提倡人民发家致富，这可谓一种反思。

经过一段时间的经济高速增长之后，我们不难发现商业之风沁入社会的骨髓，虚荣、攀比等随之成为社会弥漫的弊病，金钱和权力成为衡量人生价值的唯一尺度，岂不是时代之悲剧吗？所以中央提出大力弘扬中华优秀文化，推进中华民族共有精神家园的建设，可谓社会发展的必然要求。

只有在经济发展与文化建设、物质财富增加与环境保护、城市与乡村、东部与西部、国内与国外等各个要素之间维系动态的平衡时，社会才能健康发展。

殷鉴不远，我们必须吸取历史的教训和圣贤智慧，自觉用中道智慧治国安民。一方面注重经济发展，一方面也要重视文化和信仰建设；绝不可利用人民的信仰来牟利，而是尽可能把孔庙、道观、寺院等完全对社会开放，为人民的安心和信仰提供一片净土。同时，要大力弘扬中华优秀文化，以立民族信仰之根；同时又海纳百川，以众采其他民族文化之长，但要以我为主，为我所用，维护民族文化主体性。

如此，中华民族则能经济富裕，国力充实，文化繁荣，民风淳朴，民心纯净，秩序井然，如此，中国才是真正让人尊敬的大国。

社会竞争力的外在表现是什么？

一个社会的竞争力和生命力，在经济层面，最终表现为产品的质量、价格和服务。同样的产品，如果一个社会的产品质量很差，表明技术和社会管理等的落后；同样质量的产品，如果价格太高，表明社会治理的水准很差，生产效率低，而且很多环节有腐败；如果服务不好，说明这个社会的德行和修为存在大问题，没有真正的职业和服务精神。

在政治层面，一个社会的生命力在于上下通透，能够尊重人民的诉求，人民心情舒畅，意见能够表达且受到尊重；社会结构开放，能够不断地容纳新的力量，权力运作有规矩，且能有效地遏制腐败。

在文化和信仰领域，一个社会的生命力在于有自己独特的精神家园与心灵世界，社会成员有操守和底线，文化既是多元共生，开放包容，又有强大的向心力和凝聚力，有全社会共同遵守的价值准则。

什么是价值观的"多"与"一"?

走向多元社会,这是一个必然趋势。价值观的多元,生活方式、思维方式的多元,是今天每一个人必须面对的现实。但在多元冲突的社会里,大家该怎么相处?这也是全社会需要关注的问题。

我的看法,首先多元里面应该有个"一",即无论社会怎么多元化,必须有大家共同认同的价值观,我们应该坚持"多"和"一"的有机统一。其次,面对分歧,能够互相尊重,平和地讨论和交流,而不是恶语相加,骂骂咧咧,这样无助于问题的解决。

多元文化之间的包容、学习,是人生进步的重要方式。希望社会不仅有志同道合的互相激励,也有求同存异、不同看法之间的互相欣赏和学习。总之,就是让社会多一份凝聚力,多一份鞭策和解决问题的动力。

为什么说发展较快的时候,往往是问题积累的时候?

《道德经》中有这样的话:"有无相生,高下相倾,祸兮福所倚,福兮祸所伏。"这是什么意思呢?这告诉我们人类社会发展速度最快的时候,往往也是社会问题积累的时候。就像一个孩子,发育最快的时候,也是处于逆反期的时候、问题最多的时候,社会也是如此。

有了这样的智慧,我们看待改革开放以来的进程,就会发现,一方面我们取得了巨大的成就,另一方面包括环境问题、公平问题、中西部的差距问题等,都在凸显和积累。如果我们缺少看问题的智慧,就不免被问题的表象所困惑,甚至会有消极的看法。实际上这是发展过程中的正常现象,很多问题在发展的过程中出现和积累,也在发展的过程中得以解决和化解,这是自然而然的过程。

近一段时间，为什么全国都普遍重视中华文化、重视精神家园的建设？原因之一就是要用文化的力量消解我们国家发展过程中滋生出来的问题。当然，社会治理是各种要素、各种方式的集合体，我们要善于未雨绸缪，预见问题并有所布局。

我们不要拿美国、欧洲发展几百年的历史，跟新中国只有几十年的历史进程相比，那是一种求全责备，是不公平的。我们应专注于自己的发展，注重发展的协调性，多管齐下，未雨绸缪，预见问题，提前布局，确保国家生机永存！

怎么看待当今的环境污染？

近一些年来，环境问题突出，社会上"一边倒"地谴责污染，指责某些部门的失职。客观地说，污染问题背离发展的初衷，但我们也要正确地看待和分析污染问题。

环境污染是现代社会的痼疾，这不是哪一个国家的问题，是人类走向工业社会必然出现的现象。以西方国家为例，雾都伦敦、德国的鲁尔地区、美国的匹兹堡等，都经历了非常严重的环境污染，环境污染可谓人类发展必须付出的代价。我们不可能只享受发展带来的便捷，而不去承受发展带给人们的污染。

中华文化认为我们生活的世界是对立统一的世界，有这一面的时候，势必会有另一面，这就是老子曾说的"福兮祸所伏"。很多人只想享受科技的方便，不想承担科技的其他影响，这也未免太天真。大家想一想，瘦肉精、抗生素、计算机病毒等，哪一个不是科技的产物？大家想享受使用电的方便，就会烧煤并产生污染，这是一个因果链。

思想家老子早就看到这一点，认识到了发展必须承受代价。所以他说最好的社会就是弃舟甲不用，只有鸡犬相闻，我们却把它简单地讽刺为历史的倒退。其实，这不能简单地说是什么倒退，而是老子对发展所付出代价的警示。当今天的人们渴望蓝天白云、水清草绿的时候，是否想起老子的告诫？当然，我们不是不要发展，而是要充分预见到发展面临的问题，实现更好的发展。

发展带来了污染，可是无论仰望苍穹看到多少雾霾，人们还会愿意回到历史上的简单生活吗？人们会放弃对科技的依赖吗？当然不会，历史只会滚滚向前。当我们全面地看问题时，也不要一方面取着暖，用着电，坐着飞机，开着车，然后不断地抱怨天气，指责有关部门失职。有关部门固然有需要加强工作的地方，但污染是大家共同造成的，是每一个人的生活方式造成的。一句话，应对环境问题，我们人人有责任。现在我们经济转型，取消多余的产能，减少环境污染，经济增速受到一点影响，于是有不少人开始抱怨经济下滑。可见，一个圆融的决策，既要治理污染，又要保持经济增速，有多不容易。

一个好的法律判决所具备的标准是什么？

曾经有一个案例，某人见义勇为制止纠纷，后来却被提起诉讼，罪名是过失伤人，而且他已经被刑事拘留。这个案件导致舆论大哗，很多人开始怀疑要不要助人为乐。这种案件给我们的执法和司法人员提出了严重的问题。

一个优秀的法官，不仅是法律业务上的专家，更是社会良知和道德大厦的建构者。一个好的法律判决，应该考虑以下因素：

一、以事实为根据，以法律为准绳，事实认定清楚，法律适用准确。

二、法律判决必须对社会风气和道德风尚的提升有帮助，让人们感受到道德的力量。

简言之，好的法律判决，不仅严格遵循法律的规定和维护法律的精神与尊严，而且必须对良好社会风气的建构负责。

对于法官而言，如果因为一个判决不够周全，引发了社会不道德现象的蔓延，给有良知缺陷的人以借口，真是罪莫大焉。反之，一个好的判决，不仅秉公执法，维护法律尊严，而且引导了社会的好风气，唤醒了社会的良知，真是善莫大焉。

当今出生率的下降有什么危害？

曾几何时，我们为人口的增长过多发愁，甚至用了极为严厉的措施控制人口，可是三十年河东、三十年河西，不久以后，孩子出生率下降和人口老龄化问题，就会成为中国发展的重大障碍。

人口始终是一个国家竞争力的基础。人口过多固然不好，但如果人力资源出现危机，则是影响国家基础的大危机，可谓关系国运。

近几年二胎已经放开，但出生率并不理想。可以预见，即便是全部放开，出生率仍然是严重的问题。不久的将来，如何鼓励人生孩子、多生孩子，恐怕就会变为亟待解决的问题。社会治理，贵在未雨绸缪，如果问题严重显现，再采取措施，恐怕已经晚矣。

在解决出生率下降的问题上，分两个层面：一是国家层面，要在教育、医疗、社会保障、住房等一系列问题上做出回应，为年轻人生孩子创造条件。比如在教育问题上，很多年轻人读了本科，还要读研究生博士生，毕业之后已经三十多岁，这个时候作为女人已经属于大龄产妇，生一个孩子已经不容易，生养多胎恐怕很难实现。因此，我们的教育要提高本科教育质量，对于根本不适合、不喜欢深入做学问的人，读了大学就够用，就可以找到合适的工作，然后结婚养育孩子，这应该成为绝大多数人的常态，而绝不可引导大多数学生到三十多岁才就业成家。二是在个人层面，要通过教育让年轻人喜欢生孩子，愿意抚养孩子，这至关重要。当前一些年轻人喜欢自己的小生活，不愿吃苦，不愿意承担责任，这是需要引导的大问题。抚养孩子固然辛苦，可是也是人生最不可或缺的一部分。就我个人而言，父母当时生活那么艰苦，都把我抚养大，我要用一生的努力回报父母和国家！

  国家一旦人口出现断崖式下降，各方面发展就会面临严重的危机，我们一定要有所预见并提早防范，让我们的国家永远欣欣向荣。希望我们国家的发展薪火相传，后继有人。

为什么对王安石的评价是世缘太深？

王安石参访楚圆禅师，禅师启示他：你有三个大弱点，这是障碍修道的因缘。一是内心不平静，容易起嗔恨心。二是世缘很深，功名利禄，总难放下。三是才学很高，但有时候主观臆断，自以为是。这些都是悟道的障碍。但有一点，你虽身居高位，但生活简朴，粗茶淡饭，说明你有出世的胸襟，不是一般的芸芸众生。后来王安石的人生经历和命运沉浮，都证明了禅师的话。

楚圆禅师给王安石所总结的三个缺点，也值得我们反思。容易起嗔恨心的人，情绪波动很大，心胸不够广大，会导致用人上的失当，不能客观冷静地看待。放不下功名利禄，做事就难洒脱，患得患失，瞻前顾后。主观性很强的人，会对客观世界的判断有失偏颇，用人和决断事情都容易失误。王安石变法失败，都与此有关。

不独是王安石，人都是败在自己的弱点上。人生不怕有弱点，关键在于能否正视并防范自己的弱点。

左宗棠为什么坚持收复新疆？

19世纪70年代，中国西部边疆危机，叛乱者阿古柏在沙俄的支持下侵占嘉峪关以西的地区，同时日本入侵中国台湾，这就使得满清政府同时面临边防和海防的双重危机。李鸿章认为满清经费困难，可以放弃西部领土，主要防御东部沿海地区。而左宗棠义正辞严地指出：中国的山川地貌，都是从西部发源，如果西部领土丢失，国家就无存在的根基；

西部安，则天下安。

中国的地理形势，以昆仑山为根脉，中国的山川河流，大部分都是起自中国的西部。我们不要把西部视为落后地区，而要认识到中华民族山川地理的根在西部，要好好地经营和发展西部。中华儿女务必要守住中华民族的每一寸国土，建设好中华民族的万里江山。

在晚清的政治格局中，曾国藩、左宗棠、李鸿章等人，都是声名显赫的人物。精忠报国，维护国家统一，左宗棠的贡献永垂青史。

和星云大师的一面之缘中领会了什么？

之前有缘见到星云大师，并聆听了他的讲话，感觉他看似平凡，却有极大的智慧；智慧涌现而从容中道，使我受教良多。

大师告诫学习中华文化的人，一定要知道每一个角色的定位，如果自己的期待和定位不符合，就会带来无穷的烦恼。一个家里的顶梁柱，不仅要赚钱养家，而且要有能力让家人欢喜。存好心，做好事，说好话，让人欢喜。

星云大师的弟子慧得法师，谈到一个人如何养心的问题。一个人心灵的智慧，从淡定从容中来，从静中来，做事一定把心养好，时时从定中生成智慧。做事切不要急躁，遇事把心定一定，从容之后再决定怎么应对和处理，否则急躁之下非常容易进退失据。

我观察星云大师在给我们讲东西的时候，心一直是稳稳的，就是我们常说的如如不动。大师的言行举止，慈悲与智慧兼具，从容平凡的背后，意味深长。一个人的修为，在任何场合都是心稳稳的状态，不为所动，这种定力非一般人所能及。

叶曼女士给予我们什么样的启示？

叶曼女士，著名的佛学学者、国学大师，曾是我国台湾驻美国的"大使"夫人。她在不惑之年涌起生死大惑：生从何处来，死向何处去？人生意义究竟何在？面临生死大考，如何能够不忧不惧？这些问题，曾让她寝食难安。

后来她有机缘认识了南怀瑾先生，南怀瑾先生告诉她：去读《楞严经》。正是在阅读《楞严经》的过程中，她深感法喜的清凉妙味，对人生的各种困惑也有了初步的解答。后在南怀瑾先生的指导下，几次打禅七，都有殊胜的感受，方知佛法的智慧和境界真实不虚。

叶曼在九十三岁高龄的时候回归祖国大陆，志在弘扬和传承国学，绍隆佛种。在北大，曾经两年风雨无阻，面向大众讲授《道德经》。最后一次答疑课上，叶曼说，她一生颠沛流离，于晚年光景才有机缘结识国学，正是儒释道三家的大智，才让她参破生死。缘于自己的阅历，她愿意倾毕生以报国恩和圣人智慧之恩，所以在耄耋之年从美国回到大陆，希望把自己的体会告诉国人，以慰平生。

北大课程结束后，听众向叶曼女士提问题时，大都问叶曼女士如何护肤养颜、如何保养身体等。据现场的人回忆，面对这些不搭边的提问，先生还是有些失落。她说："我以九十多岁的高龄，回国不辞辛劳，意在回国以报圣贤的恩与国恩，结果几年辛苦讲课，听众不在意如何领悟大道，却是提出如何化妆和保养身体的问题。"

也许由于叶曼女士年事太高，也许是听众的反应伤了叶曼女士的初心，总之，此后叶曼女士极少在公开场合讲课了。

我曾读过叶曼女士的文章和书，深感她的大智和悲心；在了解到她来北京之后的境遇后，我也无限感慨。我想起了孔子，周游列国十四年，肝脑涂地以行仁义之旨，结果落一个知其不可为而为之的悲壮。但国运泱泱，千年之后，孔子遂成至圣先师。

我又想起《华严经》所赞美的莲花，正是在淤泥浊水中间，莲花才能开得圣洁妙香。阿难在《楞严经》里曾经说："肯将碎身奉尘刹，是则名为报佛恩。"叶曼女士为国为民泣血之旨、不辞辛苦讲学之为，终将会有开花结果的时候，只是等待机缘罢了。我们从叶曼女士那里领会到的是但行好事，莫问前程。做该做的事，成败得失，心无挂碍，以坚毅的奉献，以无所求的心怀，走完一生。求仁得仁，有何怨焉？

叶曼女士虽然已经往生，但传播中华文化的事业必然发扬光大。

为什么卡斯特罗是一个时代的符号？

一个时代有一个时代的精神领袖和灵魂。卡斯特罗，古巴前领导人，20世纪民族解放运动的杰出领导人，用他一生的奋斗和抗争，反对强权，追求公正和民族独立，面对美国的封锁和打压，一生捍卫自己的理想，以至于很多南美洲的民众称其为"精神上的父亲"。

伟大的精神，是一个民族前行的最坚韧的支撑力。人类任何时候都钦佩那些给社会提供精神和信念力量的人，人也正因为有信念和精神的支撑，才拥有了伟大的力量。向所有人类精神火炬的擎举者致敬。

张伯苓的三句话有什么重要意义？

在中国现代史上，南开中学的名字永远刻在历史的丰碑上，她从成立那一天起，就与中华民族共患难，与中国历史共沉浮，她培养了周恩来、邓颖超等用一生热血浇灌民族未来的杰出政治家，她的创办者是张伯苓先生。

人民福祉的基础在国家，世界和平的基础也在国家。人民如同一个一个的花木，如果希望枝繁叶茂，就必须扎根在祖国的土地上。当国家分崩离析的时候，必然会有人民的颠沛流离；当国家没有尊严、任人宰割的时候，必然是生灵涂炭，这是无数鲜血换来的教训，我们当铭记在心。

1935年，侵占东北的日本侵略者，进一步将魔爪伸向华北，策动华北自治，实则欲将华北收入囊中。而且日本将天津指挥部和兵营就设在南开大学、南开中学之间的海光寺。面对国恨家仇，在这一年的开学典礼上，满腔悲愤的张伯苓问了全校师生三个问题。先问："你是中国人吗？"师生齐声答："是！"又问："你爱中国吗？"师生再答："爱！"又大声问："你愿意中国好吗？"师生声震云霄："愿意！"就这样慷慨悲歌的三个问题，一下子把大家的爱国热情点燃，当时天津市市长张自忠将军也明确表态：我们一起负起救国的责任。

张伯苓先生是真正的知识分子，他一生把"爱国"作为办学的首要宗旨，也将其融为南开精神的核心。他曾经说，南开学校系因国难而产生，故其办学旨在痛矫时弊，育才救国。（张伯苓《四十年南开学校之回顾》）他主张青年学子能够舍小我为大我，公德心之大者为爱国家，为爱世界。（张伯苓《南开学校的教育宗旨和方法》）希望每一位南开学生毕业后，能够"此后应思如何为国为公，方不愧为南开学生"。（张伯苓《为国为公，傻做实做》）

张伯苓先生当为知识分子之楷模，为国育才，为天地立心。

什么是知识分子的本分？

作为一个知识分子，最重要的问题之一就是明确人生的使命和责任，知道此生的任务是什么。世事无常，不到眼前，没有切肤之痛。空花幻影，因果相续方知放逸之苦。人生一世，生死为大苦。面对生死之归宿，镜花水月有何意？余生我只愿做两件事：读圣贤书以养慧命，随缘传播先贤大智以报圣恩。愿续圣贤道统，护民族文脉，虽一粒尘土，惟愿生命不息，努力不止。

《论语》言："君子务本，本立而道生。"任何一个人立在世界上，都有自己的"本"，这个"本"如同树木扎根的"土地"，只有在属于自己的土地上耕耘，才能枝繁叶茂，开花结果。续民族之文脉，立人类之慧命，吸纳一切优秀文明为我所用，写千古文章，当为知识分子的使命。

为什么知识分子要有自己的独立价值？

某一天，与一位新认识的朋友聊天，他问及我的情况，我告诉他自己不过是最普通的知识分子而已。他听了有点奇怪，我给他继续解释：我说的是真话，没有什么公权力，谈不上什么社会关系，确实就是最普通的知识分子。这位朋友听了这一番话，告诉我很多人都是通过强调自己是什么级别、有什么关系、有多少社会资源来证明自己，而我是很特殊的一个。我告诉这位朋友，也许别人就是神通广大，而我说的也是大实话，我本就是最普通的知识分子，不应该随便夸大自己。

但细想起来，这位朋友的疑问自然有他的道理。每个人都想在社会上证明其存在的价值，所谓人脉、资源等，也是体现一个人存在的重要方面。这其实也体现了中国传统社会根深蒂固的权力本位的价值观，这是随着社会的进步必须改变的一种价值认知。如果哪一天，公务员的社会地位和普通的工人、知识分子、农民等都是一样的，这才是更大的社会进步。

作为知识分子，最大的本分应该是续文脉、立慧命，为文化的发展尽心尽力，不一定非要用权力的大小证明自己。推而广之，社会评价一个人，也不要仅仅看他是多大官，赚多少钱，而要看他的"道"，看他身上体现的智慧和民族慧命不可或缺的精神和气象。简言之，知识分子是国家文脉传承的承担者，知识分子要有自己的独立价值，要以内在的修养证明自己，而不必要通过多大的权力和多少的金钱表现自己。

知识分子的使命是什么？

不单是知识分子，任何一个人来到世界上，生活一世，都应该有所觉悟，都应该有自己的使命和担当，知识分子更应该如此。

孔子的学生有若曾经说"君子务本，本立而道生"，那么，我们应该思考什么是知识分子的本分。知识分子应该承担什么样的责任和使命？

如果把人类社会的整体比作一支队伍，这支队伍前行的时候，为了不迷失方向，应该时时有一个灯塔或者北极星，不断地照亮人类前行的路程，给人类的演进提供方向的参照。从这个意义上说，知识分子应该是人类文明道统的觉悟者和守护者。人性的复杂毋庸置疑，各种外在的诱惑，各种人性内在的偏差，都有可能牵引人类走向战争、愚昧等深渊，这个时候，航标显得格外重要。灯塔和北极星，告诉我们人之为人最重要的是什么；哪条才是人类该走的道路；在人性的良知和弱点碰撞时，如何唤醒良知，做一个堂堂正正大写的人。

无论是一个人，还是整个人类社会，都会面临各种诱惑和迷茫，甚至会走错路。如果人类社会走错路，小则是社会的动荡，大则是人类文明的颠覆和血雨腥风的沉痛代价。所以，知识分子应该成为人类文明的代表者，是人类文明道统的觉悟者和践行者，只有这样才能让人类前行的时候，有所反省，有所觉照，有所皈依。这个文明的灯塔和北极星，其实就是人性内在的"道心"和智慧，这个"道心"，就是人性中积极向上的力量，引导人走向觉悟的力量，外在的表现就是引导人们有正确的是非判断和价值判断，能够指导人们正确处理社会和人生中的各种挑战和问题，从而让人民生活得幸福、安康。可以说这是人类永恒的任务，更是知识分子永远的责任。无论时代如何变迁，无论人类社会经历多少磨难和困惑，只要"道心"仍在，人类的良知和智慧仍在，那么阴霾总会过去，人类的文明也会有云淡风轻的时候。

从另一个角度，人类社会的发展呈现出阶段性的特征，不同的时代有不同的问题和挑战。因此，知识分子有责任以自己的思考和智慧，深刻地分析时代的问题，洞察时代的挑战，在深刻全面分析问题的基础上，应对时代的问题，给人们以启发和人生的指导。一句话，每一代人，都要完成每一代人担负的责任，知识分子更要如此。知识分子不仅要做道统和文脉的传承者、守护者、弘扬者，也要立足特定时代，回应时代的挑战，担负时代的责任。具体到今天，知识分子不仅要传承解读经典，也要有所创造，要深入思考当今人类社会内在的问题是什么？这些问题的症结是什么？我们应该如何应对这些问题？如何让人类社会越来越好？只有正确应对了这些问题，人类文明的火种才能永续，人类的文脉和道统才能薪火相传。

从个人的角度，我们每一个人都是历史的忠实经历者。对很多人而言，这种经历，多半是盲目和混沌的经历。但知识分子应该自觉成为时代的记录者和反省者，并以这种记录和反省给后来人以智慧的启迪。作为记录者，我们应该记录这个时代的成败得失，记录这个时代的人心与社会，这是后来人研究历史、反思历史的重要材料。作为反省者，我们应该透视和总结这个时代的问题和挑战，应该能够在更高的层次分析问题的来龙去脉，并能够做出指导和回应。这些东西，将来会成为人类文明之塔的砖石，正是通过一代代文明的传承和累积，才有了人类的文明史。

我们常说做一个觉悟者，我想所谓的觉悟就是自己把握自己的人生，自己承担起自己的使命和责任，求仁得仁，无怨无悔。从人类社会的角度，人类社会的觉悟，就是人类越来越能够自己把握自己的命运，创造人类的幸福和美好。知识分子，有责任让自己成为觉悟者，进而引导人类社会都走向更高觉悟。"自己把握自己的命运，自己承担自己的使命和责任"，这话看起来简单，但人类历史上能真正做到的又有几人呢？我们读孔子、老子、庄子、佛陀等人的著作，就会发现他们才是真正觉悟了自己的人生，知道此生的责任和使命，自己把握自己，终成永垂不朽的智者和觉者。正因为如此，我们才要格外敬重那些觉者和智者。

希望所有的知识分子都有所醒悟，从人类历史的长河看问题，启迪人类的智慧，守候护养人类的"道心"；从不同的时代看，洞穿时代的风云，完成这个时代的责任，给后来人以启发和教益；从个体的生命看，将人生视为一场修行，记录和反省这个时代，并在点点滴滴的人生历练中，点亮道心，不断地自我超越，实现人生的觉悟和升华。

愿文明的火种得以永续。愿人生的一瞬成为永恒。愿每一个人的人生少一些遗憾和辜负，多一些欣慰和通达。

守护根脉　弘扬经典

中华文化的特点是什么？

中华文化的优点多多，特别需要指出的有两点：一是中华文化的敞开与兼收并蓄，在历史的长河中能够融汇百家而不断发展壮大；二是中华文化的圆融和对生命的关注，回应了人们的生命困惑，书写人类的智慧之光。

所谓敞开和兼收并蓄，就是说中华文化不是一个僵化的体系，而是一个开放的结构，在不断学习和包容中，实现自身文化形态的优化和升级。如果一个文化系统走向了僵化和保守，势必会面临萎缩和消亡的结局。

所谓关注生命，是说中华文化不是空谈，而是紧扣人类生命的问题，回应和思考人类生命的永恒问题。中华文化能够关注人的生命，能够和人们鲜活的生命发生联系，这是中华文化一直以来能够被人们重视的原因。

如何做好人，即如何做一个堂堂正正大写的人，儒家有很好的回答。"儒"这个字就是人和需结合起来，意味着满足人之所需。《论语》提倡三省吾身，认为：三人行，必有吾师；君子和而不同；当仁不让于师。这是非常理性的文化，告诉人们不要自以为是，不要刚愎自用，要多反省自己，谦卑地向别人学习。

某种程度上说，中华文化是人生的百科全书。在人生面临的各种挑战中，中华文化都提供了回答。面对困难，孟子说天将降大任于斯人也，必先苦其心志，劳其筋骨，饿其体肤，空乏其身，行拂乱其所为，所以动心忍性，曾益其所不能。针对鲜花和掌声，道家告诉我们物极必反，月盈则亏，江河处下而为百谷王。

中国传统的知识分子，儒家积极入世，为国为民，一肩担起。可是，面对复杂世事，道家告诉我们滚滚长江东逝水，浪花淘尽英雄，对于什么功名利禄，也需要有超拔的心。如果有人对世间万象没有兴趣，佛家又展示了另一个世界——万缘放下，一朝看破，以无所求的心，在服务众生的过程中，历练自己的慈悲与智慧。

中华文化在几千年发展的过程中，之所以能够绵延不息，源于其内在的这种智慧与博大。作为中华民族的一分子，应该珍惜自己的文化，使之在新的时代焕发生机，为民族振兴提供不竭动力。

我们为什么要学习、传承、弘扬中华文化？

21世纪以来，随着国学热的兴起，学习和传播中华文化遂成为一种潮流，各种传播国学的组织竞相出现，各种与传统文化传播有关的活动也此起彼伏，这固然是文化发展的好现象，但其中也有一些问题值得反思。我们要好好反思和总结，以便于更好地促进中华文化的振兴与发展。

第一个问题，我们为什么要学习、传承、弘扬中华文化？这是首先需要明确的问题，如果在这个问题上不够清醒，就无法做一个有觉悟、有智慧的文化传播者和国学振兴的推动者，国学振兴的道路也很难走远。

我们学习和弘扬中华文化，重要的原因有四：

其一，任何民族都有之所以是该民族而不是其他民族的独特标识，那就是本民族的文化。如果一个民族的文化被肢解摧毁，该民族也一定会分崩离析。因此，维护包括五十六个民族在内的中华民族的文化，事关中华民族的未来命运和国基，对此一点不可糊涂。当然，维护中华文化的主体性和精神家园，绝不意味着封闭保守，相反更要海纳百川，善于学习其他民族的优点，只有这样，中华文化才能永葆生机。

其二，中华文化对宇宙、人生的深度思考，超越了具体历史条件的制约，具有永恒的智慧和超越的价值，这是人类思想史上最宝贵的财富，永远值得我们好好学习和研究。

其三，针对当今人类社会面临的困境和内在冲突，中华文化所蕴含的智慧对于人类应对这些挑战和问题，具有重要价值。从这个意义上说，弘扬中华文化，超出国界而具有世界意义，这也是历史学家汤因比先生为什么说只有孔孟之道和大乘佛学才能救世界的内在原因。

其四，中华文化某种程度上是一个人应对人生问题的百科全书，无论是对于人类终极问题的思考，还是对当下问题的应对，都提出了非常深刻和全面的回答，是我们每一个人成长的营养。

总之，我们在学习、弘扬中华文化的问题上，首先要对为什么弘扬中华文化有一个自觉，只有这样才能不畏浮云遮望眼，才能做一个有觉悟、有智慧的文化研究者和传播者。

第二个问题，在学习和弘扬中华文化方面，有哪些需要注意的问题？弄清楚这个问题是做好文化传承的重要条件。具体说来：

其一，全社会对学习弘扬中华文化如何形成共识，仍需要努力。当前有一些人对于中华文化有偏见，更没有认识到维护民族文化主体性的意义和重要性。

其二，中华文化到底说了什么？很多人对这个起码的认知都没有搞清楚，在不知道中华文化有哪些大智慧的前提下，就发表不负责任的观点，并不合适。在这个基础上，清理中华文化肌体上的污垢，传承中华文化的精粹，需要下大功夫。

其三，如何传承、弘扬中华文化？还没有形成立体系统的传播体系。

其四，如何处理好马克思主义和中华文化的关系，对于中华文化的发展意义重大。

第三个问题，我们要好好总结人类的文化史、中国的文化史，探究文化如何永葆生机的秘密，以史为鉴，面向未来，确保今后中国的文化发展少走弯路，永远生机勃勃。

第四个问题，中国的文化政策，一定要走中道的路子，一方面以我为主，另一方面一定要兼收并蓄，大胆地学习其他一切民族的优秀文化，吸收其他民族的营养，为我所用，发展、壮大中华文化的力量，提升中华文化的生命力。诸如闭关锁国、狂妄自大等的狭隘，全盘西化、数典忘祖的妄自菲薄和自毁长城的荒谬和愚昧等偏颇，务必永不再犯。

如何从历史的角度看待中华文化？

探究中华文化何以走到今天这个局面，须从历史长河的梳理中看清文化的来龙去脉。

文化初创时期，无论是《易经》，还是《道德经》，孔子的思想，等等，都显示了对人生宇宙究竟的深思，展现出勃勃生机，展示出非常自觉的自我反思和学习精神。可以说，一个有深度的文化体系，若还能够不断自我反省和批判、不断自觉学习其他民族优点，必然生命之树常青。

但在汉代，有两件事，对文化发展产生了复杂的影响。一个是西汉武帝的时候，董仲舒提出"罢黜百家，独尊儒术"，这个口号的提出固然有它的历史缘由，但却让中华文化弱化了多元文化交流生成的自觉。另一件事，东汉章帝的时候，国家出面召开了白虎观会议，意在对众说纷纭的儒家学说做出统一解释，这虽然有利于统一思想，但实际上埋下了遏制思想创造的伏笔。

在唐代的时候，文化发展较为理性，一方面以我为主，儒释道等文化都得到国家的推崇，同时海纳百川，欢迎全世界的文化交流，结果形成了恢宏气魄的盛唐气象。

到了明清之际，从世界历史看，人类文明到了新旧时代突破的路口；从国内来看，满清入关，采取闭关锁国和文字狱的政策，这样几乎彻底封闭了中华民族海纳百川的视野和文化创新的活力，结果招来一百多年近代的屈辱和苦难。

在近代以来探索民族独立和民族尊严的历史进程中，从狂妄自大到全盘西化，我们进退失据，甚至心智错乱，结果造成近代的文化乱象。

21世纪以来，国学热虽有方兴未艾之象，但如何看待中华文化与中华民族的关系，如何吸取经验教训以确保中华文化永葆生机，如何在反思历史的基础上制定中道圆融的文化政策，如何总结、汲取中华文化的智慧与清理时代痕迹，如何应对时代挑战而采取适宜的做法以学习和弘扬中华文化等等问题，都需要我们深入地总结和反思，以期补益今后的文化发展。

文脉和国运的关系是什么？

文脉是一面镜子，能照出国运的盛衰。盛唐气象，三教儒释道并立，各有风采，遂有贞观之治与开元盛世。满清闭关锁国，大搞文字狱，自闭于世界文明之外，窒息民族的智慧和创造力，结果导致近代之辱。

新文化运动反传统的倾向，虽有历史缘由，但无视几千年中华文化的博大和智慧，断裂文脉先河，让很多人看不到传承和弘扬中华文化的重要性，这是应该汲取的教训。随后国人在文化上进退失据，心智错乱，已没有淡定从容之智。近代以来中国社会上出现的辱骂圣贤，毁坏文物，焚烧经典，夫妻反目，父子成仇，友人互相揭发等不良现象，对中华民族的文化传承更是带来了不小的打击。

千年历史，每当文脉摧折，国运必衰败。国运兴，文脉必兴。没有文脉的保驾护航，国运也不可繁荣昌盛。

值此民族复兴之际，唯有兴中华文脉，继儒释道往圣绝学，教化人心，启迪心智，厚植国基，才能培养民族振兴之深厚根源。以史为鉴，今后中华子孙当痛定思痛，一方面兼收并蓄，吸纳其他民族文化精华为我所用；另一方面，永远护养儒释道等圣贤智慧，以此作为国家不断发展的文化之源。

只要国基永在，中华民族必不惧千难万险，以圣贤智慧之源，浇灌民族长盛之花。

文化的形而下与形而上是什么？

一个民族的文化，要给人们这两种力量：形而下层面，在文化熏陶之下塑造人们基本的操守和规范；形而上层面，文化熏养出一个人的方向、使命和情怀。

孔子曾经说："不义而富且贵，于我如浮云。"意思是一个人在追求利益的时候，一定要看是否符合道义。在谈及为官的时候，孔子强调"有道则见""无道则隐"，绝不做无原则的退让。孟子也说："穷则独善其身，达则兼善天下。"有这些文化的熏陶，大多数人会知道哪些该追求，哪些不应该追求，这就是人生的底线和操守。同时，孔子又说："朝闻道，夕死可矣。"意思是说一个人为了道义，可以将生死放下。大家读中国的历史，哪个朝代都有杀身成仁、舍生取义的人，这是民族的脊梁。大家如果读读圣贤书，其中的家国天下情怀，会让我们敬慕不已。很多人正是在文化的熏习之下，开始走出小我的得失考量，有了家国天下的情怀。

反观现实，当前有一些人把金钱和权力视为衡量人生价值的最高标准，一切的奋斗都是为了得到权力和金钱。为了得到这些，无所不用其极。什么贪赃枉法、坑蒙拐骗，皆敢以身试法，根本没有道义良心的概念，一切都是唯利是图。更让人忧虑的是，急功近利之风，已经弥漫于社会的各个角落。教育行业为了得到好的考试成绩，很难顾及学生的道德培养。一些人有了权力，不是踏踏实实为人民做事，而是用权力谋取个人利益。也有一些地方，一旦推出一个政策，就要立竿见影，很少顾及长远的影响。在急功近利的风气之下，很多东西已经扭曲了，这种扭曲带来的影响，更是让人忧虑。

我们有必要冷静下来，思考文化的意义和价值。我们需要经济发展，我们同样需要精神家园的建设，以文化的水滋养民族的长久发展。

中华文化的发展对于世界有什么意义？

人类社会的进步史，是一个不断发现问题、回应各种问题的历史。当我们讨论中华文化究竟对于中国乃至世界有何意义和价值时，绝不是狭隘的自以为是，更不是"闭门造车"式的自我欣赏，而应该在慎重分析人类现代文明所存在的现实问题的基础上，追问中华文化为当今人类社会回应这些问题、解决这些问题提供了怎样的智慧。中华文化只有对人类现代文明的困境和挑战提出中国式的回答和应对方式，对整个人类的文明进步都有重大的意义时，我们才有资格说：弘扬中华文化不仅仅是关系本民族向心力和凝聚力的维系，也是人类现代文明回应其内在矛盾和积弊的必然要求。也只有从这个角度，传承和弘扬中华文化的价值才超出了国界而具有了世界意义。

现代文明发展到今天，到底暴露出什么样的问题？这就需要我们对人类现代文明的历史做出全面的梳理，总结人类社会所面临的根本问题，并深入剖析这些问题出现的根源。

文艺复兴被学界公认为是现代文明的起点。因此，我们以此为起点，探究现代文明所存在的内在矛盾和困境。文艺复兴之前，人类一切行为和思考的合法性，都在于其是否吻合神权的要求。客观地说，这种对人类主体性的压抑，在文化上造成了西方中世纪几乎只有神学的状态，人们没有任何自由思考的权利。也正是经历了一千多年的神权和王权压抑之后，西方文化在文艺复兴的时候开始觉醒。所谓的文艺复兴，就是诉求人类的主体性、主张人性的解放，就是以人类的权利反对神权的压抑，追求人类的自由和平等。正是在文艺复兴的旗帜之下，人们被压抑的创造性开始喷发出来。于是以文艺复兴为界，人类就揭开了现代文明的序幕。人们从对神权的盲目崇拜中解放出来之后，人类社会要面临什么问题呢？文艺复兴所开启的"人性解放"，到底解放了什么？

文艺复兴的使命是摆脱宗教的束缚，并期望发展成世界趋势。文艺复兴在思想界确实掀起了一场深刻的革命，但"人性解放"到底解放了人性之中的什么呢？当笼罩在人们头上的神权被打倒之后，人性的"盒子"就被打开了，而其中释放的不只是理性，也有被压抑的欲望。我们不能简单地拒斥欲望，不能偏激地认为人类的欲望就是罪恶；但我们要懂得这样的道理：人类的欲望一旦没有节制，不仅对于社会个体不利，而且将会造成人类社会的灾难。

一、"人性解放"给人类社会带来的困境和冲突

现代文明的发展过程启示我们："人性解放"打开了人性这个"潘多拉"的盒子，给人类社会带来了内外两个层面的困境和冲突。

1. 外在的困境和冲突

"人性解放"唤醒了人们心中的"小我"，每一个人都在为实现"小我"的利益而努力，都在表达着"小我"的看法主张，这必然导致人与人、民族与民族、国家与国家、人类与自然等各种外在冲突出现。个人欲望的膨胀，必然会带来不同个体之间的人际紧张和冲突；众多个体组成的民族欲望的膨胀，会导致在处理民族与民族、国家与国家的关系时，只看到自身的利益，很难真正顾及和尊重其他民族的利益和感受，最终必然引发不同

种族、国家之间的战争和冲突；由贪欲膨胀的人组成的社会，在对待人与自然关系的时候，会不可避免地走上盲目开采、掠夺自然而满足自身欲望的道路。文艺复兴以来，自然环境的严重破坏，各种战争导致的生灵涂炭，无不与文艺复兴以后鼓吹欲望的合法性和利益的争夺相关。

2. 内在的困境和冲突

从内在的困境和冲突看，现代社会面临两大困境：一是终极关怀层面的困境；二是现实心灵的挣扎和纠结。从终极关怀的角度看，人类作为一种特殊的生命，衣食住行不是人类生命的全部。人类有一种形而上追问的倾向，有一种追求心灵如何安顿的内在需求。西方社会神权垄断真理的信仰框架，与人性解放的时代潮流存在不可避免的冲突：一方面，人类主体性在觉醒，不断努力掌握自己的命运；另一方面，西方的信仰模式告诉人们，只有跪倒在超越的上帝脚下才能求得救赎。在人性解放和人的觉醒成为不可逆的时代潮流里，人类的终极关怀将会成为人类社会面临的重要问题。从现实心灵的角度看，在人类主体性觉醒的时代，人类诉求自身的解放和自由：一方面，一定程度上人类开始赋予追求欲望的合法性；另一方面，无论是基于现实环境，还是基于人类理性，人类不可能真正完全实现自己的欲望。因此，无论是基于人类伦理和法制的制约，还是基于自然环境、资源的有限性，客观事实说明：小至一个人，大至一个国家，都不可能完全满足自己的欲望。此外，人心之中都有良知和是非观念：一方面，是欲望牵引带来的各种冲动和焦虑；另一方面，是良知呼唤引发的反省和自责。这必然带来人心和道心、良知和欲望的挣扎、冲突。这些精神和心灵层面的问题，都需要我们思考和回应。

如果我们追问现代文明之所以出现这种困境的原因，会发现这些现代文明的困境，表面上看是人类社会面临的普遍问题，但在实质上是西方文化的内在冲突在现代文明境遇下的一种折射。而中华文化的智慧对于应对这些困境和挑战有着重要的价值和意义。

二、中华文化对当代人类困境的回应

1. 追求"自由"之后怎么办？

文艺复兴之后，人类力图打破神权和王权的控制，争得自由和独立思考的权利。然而，人们是否做好了迎接新挑战的准备？一些西方思想家一直在试图证明人类有能力管理自己，有能力掌握自己的命运。例如，启蒙运动所提出的人民主权、三权分立、任期制、新闻自由等一系列制度建构，都是人们为了证明自己的理性能力而做出的制度设计。但事实上，近代以来，当人们在热切追求自由的时候，却对自由之后"怎么办"的问题，缺少足够的清醒思考。当大多数人没有公共利益的格局和胸怀，而只是顾及自己的得失、片面追求自己的利益，政治生活被不同的利益集团绑架，其结果是国家的稳定、社会的正常秩序都会遭到严重破坏。

在《易经》的第六十三卦"既济"之后，第六十四卦就是"未济"，中华文化告诉我们没有什么所谓的"终结"，人类文明永远在不断变化，永远有新的问题。正如《道德经》所言"有无相生"，我们生活的世界本就是对立的世界，永远存在各种矛盾和冲突。例如，美国在自由的旗帜下，政治被利益集团绑架，每一个政党都在追求自身利益的最大化，都在关注自己能否成为执政党。在这种情况下，有益于社会的公共政策很难得到顺利通过，而议会等公议机构则成为政党利益博弈的平台。由此可见，人类社会永远存在各种问题，人类的发展永远是一个不断直面问题和回应问题的过程，用中国的文化表述就是"易"。面对人性解放以后的时代，我们需要的不是盲目乐观，而是要冷静思考"自由之后"会面临什么问题，从而真正做到未雨绸缪，引导人类社会更好地前行。

2. 如何应对现代社会的各种冲突？

中华文化的认知理论与西方不一样。西方文化奉行"零和游戏""弱肉强食",习惯于"对抗思维"。在文艺复兴以后,"人类中心主义"成为很多问题的根源。美国奉行"顺我者昌,逆我者亡",其对伊拉克、利比亚的肢解和打压,对中国的遏制战略,无一不是"对抗思维"的具体表现。中华文化奉行"民吾同胞,物吾与也""亲亲而仁民,仁民而爱物""道并行而不相悖,万物并育而不相害"。这些思想告诉我们,世间万物,包括人与自然、人与人、人与社会、国家与国家等不同主体之间的关系,不是"你死我活",不是"零和游戏",更不应是"弱肉强食",而是一损俱损、一荣俱荣、休戚与共。中国的外交理念就很好地体现了中华文化的思想,无论是"一带一路"、亚投行等具体举措,还是"人类命运共同体"思想,都是中华文化"万物并育而不相害"的具体体现。事实上,对抗没有出路,战争更不会有未来,人类社会应该包容、互鉴、尊重、理解、共赢,而绝不可唯我独尊、以强凌弱、以大压小。因此,一个人领会了"休戚与共",就会与人为善、广结善缘;一个国家领会了"道并行而不相悖,万物并育而不相害",就会减少对抗、发展合作和实现共赢;人类社会如果领会了中华文化"天人一体"的观念,就会爱护自然、保护环境。

3. 针对人类的终极关怀和自我拯救问题

中华文化认为人类的终极拯救不是靠什么外在超越性的力量,而是依靠自我的觉悟,是人类的自我拯救,是"命自我立,福自己求",是"君子自强不息"。中华文化既看到了人性的局限,又赋予了人类自我超越的希望和可能性。儒家说"人人皆可以为尧舜",中华文化认为人人心中有一个内在的觉悟能力,圣贤和觉者是那些已经开启了内在觉性并让其做主的人,我们每个人只要认识内在的觉悟能力,就都可以逐渐走向觉悟。简单地说,中华文化认为人类救赎的希望,就在于人类自身、在于人类如何发扬自身的觉性和良知,而不是走偶像崇拜的道路。中华文化主张尊重和学习圣贤,但这种尊重和学习,绝不是盲目崇拜,而是通过学习圣贤而开启自身内在的智慧和觉悟能力,从而成为和圣贤一样的人。中华文化的思路,在根本上与人类主体性解放和觉醒的潮流相一致,对于人类社会解决现代性境遇中的精神家园危机,有重要的启发。

4. 针对人类心灵深处的欲望与良知的冲突和挣扎

中华文化坦诚面对人性的现实欲求,认为人性包含了各种可能,并不是简单将人性之中的欲望视为罪恶。但是,中华文化并不主张人类走上贪欲膨胀的道路,而是主张在清醒认知人性局限的基础上,走向人性自我超越的道路。其实,人类的很多痛苦,并不是客观的痛苦,而是因为人类的智慧和觉悟不够而引发的痛苦。一个人如果不量力而行,超出自己的实际来装点自己,那么很多都是为了掩饰内在的浅薄和空虚。那我们为什么还要奋斗和努力呢?孔子告诉我们"士志于道,而耻恶衣恶食者,未足与议也",一个人的追求应该有比金钱和权力更重要的东西;"朝闻道,夕死可矣",这个"道"就是中华文化所强调的"圣人无常心,以百姓之心为心"。真正的觉悟者,会放下对"小我"的执着,能够将自己这"一滴水",融入到为社会服务的大海中去,从而实现自己的价值。这正是中华文化所倡导的"莲花"精神,是孔子周游列国"知其不可而为之"的原因,也是无数志士仁人抛头颅、洒热血为国家打拼的原因。有了这样的智慧,心灵就会净化,该做什么、不该做什么,心中自然有分寸,欲望和良知的挣扎和纠结也会淡化。

简而言之,面对文艺复兴以来人类社会的各种困境、挑战和冲突,中华文化的智慧给了我们不一样的认知和应对思路。无论是面对人类社会"自由之后怎么办"的态度,还是回应人类社会外部的各种冲突和心灵层面的困境,中华文化都有非常智慧的回答;对于我们如何认识现代社会的问题,如何回应现代社会的种种挑战提供了重要的智慧资源。我们在讨论中华文化的意义和价值时，不仅要看到传承和弘扬中华文化对于本民族发展所具有的重要意义，而且要站在人类文化发展的大背景下予以思考和回应。也就是说，中华文化的传承和弘扬，不仅是中国走向未来的文化之源，也应该为人类社会应对现代文明困境提供智慧启迪。现在我们正在为实现民族的伟大复兴而努力，中华民族的真正复兴，绝不仅仅是经济的富裕、军事的强大，更在于文化的力量。只有以中华文化的智慧给人类的进步提供发展，中国才可称为真正意义上的大国和强国。因此，文化研究者应该有这样的自觉：既要注重从中国固有文化的智慧中汲取营养，同时又要直面人类社会的现实困境和挑战，以我为主的同时又要海纳百川，从而给人类社会的发展和进步提出中国式的回答和应对思路。因此，传承和弘扬中华文化不仅对于中国的发展具有重要意义，而且超越国界而具有世界意义。

什么是判断文化形态优劣的尺度？

有些朋友听了很多不同的课程，看了各种书，不免有困惑：影响自己的各种观点，真的有益于自己的发展吗？这就涉及到评判不同文化的标准和尺度问题。那么，到底什么样的文化形态才有益于社会发展和个人进步呢？

其一，所有优秀文化的导向，应该是培养人类的自我觉悟和智慧，从而让人们越来越摆脱蒙昧，越来越有自己独立的判断和理解，越来越能够摆脱极端和狭隘，能够中道圆融地看世界和处理问题。反之，如果一个文化，让人走向外在的迷信和膜拜，逐渐让人陷于狂热的崇拜中迷失自己的内在智慧，就需要引起我们的警惕。

其二，文化传播如果不希望走偏，一定以契合圣贤的原典为根据，因为经典是大浪淘沙之后的文化精品。我个人的体会，如果不是真正的大智慧者，说话总是会有所偏，如果有些智慧不高的人对有所偏颇的话产生执着，就会造成不好的后果。因此，多学圣贤经典，学习圣贤的原著很重要。解读经典，固然要结合实际，创造性转化和创新性发展，但是也要契合经典所阐发的大智慧。

第三，任何人，都要明白国泰民安的道理，都要希望国家好，并力所能及地为国家发展做贡献，遵纪守法，这样才能长长久久，皆大欢喜。文化是影响人心灵的事业，更要以有益于国家发展、民族团结和人民幸福为根本目的。

结合以上体会，如果文化传播不是启发内在觉悟，而是制造盲目崇拜；如果不是依照圣贤典籍，而是为了迎合观众主观肆意发挥；如果不是引导人爱护国家、奉献社会、遵纪守法，那么大家就不妨要提高警觉。简言之，文化传播的使命，就是让人生活更美好，让国家发展更好。

怎样处理经济全球化过程中的文化碰撞？

经济全球化作为一个必然的历史进程，已经被社会发展的现实所实证。我们要问，在全球化的过程中如何看待文化的多样化？我们怎样处理经济全球化过程中的文化碰撞呢？

回顾历史，伴随着经济全球化的历史进程，西方文明夹裹着强势和野蛮，以割麦子的方式对其他文化形态进行了破坏甚至是取而代之。结果，很多原住民的文化，包括印度的本土语言、菲律宾的文化等，都基本上被摧毁了。人类的文化，固然有共性，但民族性也是人类文化的重要特点。正是丰富多彩的不同民族文化构成了人类文化的百花园。

文化是一个民族在特定时空条件下的创造，会永远打上不同民族的烙印。人类文明的进步，需要的是不同文化形态之间的良性互动，需要的是多元文化之间的交流、碰撞、学习和生成，而绝不是野蛮的摧毁和取而代之。不是一个国家的经济发达，文化就高远，也不是经济落后，文化就一无是处。每一个文化形态都有它的价值和意义。只有多元文化的自然交流，才有人类文化的优化和发展。

那么，在经济全球化时代，我们到底需要什么样的文化理念呢？任何一个国家或者文化，都不应带着唯我独尊的心理优势看世界，而应该好好领会孔子的话："三人行必有我师焉"，君子"和而不同"。只有这样才能形成世界上不同文化之间的良性互动，共生共荣，在交流互动中实现人类文明的跃升。

为什么说文化的发展是一场接力赛？

文化的发展，是一场接力赛，每一棒都有它的使命和责任。在这场文化的接力赛中，任何怨天尤人都没有实际价值，任何逃避和怯懦都会丧失更多机会，我们所要做的是认清我们这一代人的责任，勇敢地把历史赋予自己的责任承担好。尧、舜、禹、商汤、周文王、老子、孔子等，他们在他们的时代完成了他们的使命，我们要在今天这个时代不仅继承先人的智慧，而且要加以创造，不辜负这个时代的要求。

只有这样，几百年、几千年以后的后世子孙，在回顾我们这段历史的时候，才能说我们这一代人是无愧于中华民族的子孙，做了我们这一代人该做的事。否则，妄自尊大，妄自菲薄，都是对责任和使命的逃避，都无法对自己的历史、民族和文化做一个安心的交代。

为什么说文化发展是清理和传承的有机统一?

文化是人性的总展示,人性的复杂,决定了文化的复杂。几千年的历史,文化在各种力量的交错中艰难前行,其中既有人性光辉的力量,也有各种利益夹杂下文化的僵化、沉闷和堕落。我们常说文化自觉,实际上这种自觉是对文化原生态和客观演变历史的反映。正是奠基于这种客观性的认知,才能够清醒地看到文化这棵大树上的各种肌瘤,也能看到看似老死树皮背后鲜活的树汁和嫩皮。大树的生命激发,不是连根拔起后的重新种植,而是既做好老死树皮的清理工作,又要把大树里面鲜活的汁水利用起来,让大树重新生机勃勃。

针对五千年的历史和文化,任何简单的评价都不够全面。我们的任务是做好清理和传承工作。既要清理历史文化中间不利于民族长久发展的瘤疾和历史的包袱,也要传承民族文化中鲜活的优良基因,从而让文化在新的环境里更加生机勃勃。

为什么要建立起对中华文化的自信?

当前很多人受"非此即彼,二元对立"思维方式的影响,在说中国和西方的时候,往往是西方多好,中国多不好,这就是典型的二元对立思维方式,实际上这根本不是客观现实。

如果大家不先入为主,就会发现中国有中国的好,中国有中国的问题;美国有美国的好,美国有美国的问题。看问题绝不可"非此即彼",更不可二元对立。某些国家,自负地以为"我们是上天的选民,我们是最优秀的",仿佛就有改造其他民族的合法性和正当性。就是在这种理论的指导下,某些国家近几十年发动了数次战争,造成多个国家陷入战乱,民不聊生。大家由此就理解为什么英国历史学家汤因比先生研读了东方的儒家和佛教文化后，得出结论：如果人类最终想要走向文化的和平，走向文化的和解，那么只有儒家和大乘佛教才能救世界。所以中华儿女不要看不起自己的文化，中华文化的智慧很博大，中华文化所提倡的"和而不同""万物并育而不相害""道并行而不相悖"才是人类的未来。

越是置身于中西文化的比较，我们越能够建立文化的自信，提升传承中华文化的责任感和使命感，认识到中华文化对于我们的重要性。可是遗憾的是，今天有多少中国人真正读自己文化的经典？大家看，犹太人很多都读《旧约圣经》，西方人很多都读《圣经》，阿拉伯人很多都读《古兰经》，我们作为一个中国人，如果不读自己的四书五经、《老子》《庄子》和中医、佛经等文化经典，如何算一个真正的中国人？我们中华文化的智慧再大，如果不肖子孙数典忘祖，不去学习，没有情怀，没有担当，没有拓疆万里的雄心，中国怎么可能拥有未来？

国家在发展过程中面临很多问题，一方面说明我们需要更多的反省和改进，另一方面这些问题也是国家在发展过程中必然出现的现象。有问题不怕，只要我们真诚地面对，勇敢地解决，一定会有光辉的未来。但我们切不可自毁长城，切不可不珍惜几百年以来才有的大好局面。尽管当今国际局势复杂，但是只要我们中华民族自己争气，那个被列强侵略践踏的时代就永远不会再有了。

大家看乌克兰这个国家，苏联的工业基地，曾经有特别发达的工业制造能力。但为什么今天分崩离析、生灵涂炭？很大程度上是自己不争气，不团结。一部分人倚重俄罗斯，一部分人倚重美国和欧洲。一个团结的乌克兰没有了，当这个国家分成几派势力而内耗的时候，国家也面临四分五裂的局面。如果乌克兰能自力更生，独立自主，依靠自己的力量，大家拧成一股绳，谁能侵占他们？所以我们每一个人都要做民族团结的典范，当五十六个民族拧成一股绳，紧紧地团结在一起，这个世界上就没有任何国家敢践踏我们的领土和尊严。所以说我们一定要清醒。每一个人一定要团结在中华民族的大旗下，维护这个国家的团结和统一。国家怎么才能越来越好？抱怨是没有用的，需要我们每一个人尽自己的努力。农民种好田，工人做好工，官员一心为公，执政为民，全心全意为人民服务。知识分子传播正能量，帮助年轻人树立正确的价值观，传播中华文化，建构中华民族共有的精神家园，因为信仰是人们安身立命的根本。

中华文化对人生、宇宙的深刻思考，中华文化对人性的深刻洞察，都是人类文明史上的丰碑，我们应该在继承的基础上将人类文明推向光明。

为什么我们一定要认识到中华文化教育的重要性？

谈到国学教育，要从当前中国的大势说起。一个非常兴盛的国家，就像一棵参天大树，枝繁叶茂，它的根系一定汲取了足够养分。那么国家的根系是什么呢？就是这个国家的文脉。朱熹说："问渠哪得清如许，为有源头活水来。"一个民族的源头活水就存在于它的文化中。中华民族虽然历经劫难，但是我们没有倒下去，而且稳稳地屹立于世界民族之林，这是因为我们民族的文化在起作用。比如林则徐、谭嗣同、孙中山、毛泽东、周恩来等，近代以来这么多志士仁人起来救中国，他们身上都充斥着一股气势、一种力量，都是深受中华文化的浸润和影响，这就是孔子和孟子所提倡的"杀身成仁、舍生取义"。当国家濒临危难需要有人挺身而出的时候，一个人能够牺牲小我、肩扛道义、勇往直前，这都体现了中华文化的力量。

圣贤的智慧和精神对一个人的影响就是这样，它让一个人在最苦难的时候依然还有精气神在。人总是要活在希望里，无论是多艰难的时候，都不会绝望，都有人生的支撑点，这就是中华文化所强调的"自强不息""命自我立，福自己求"，人生最终的拯救和升华，根本上取决于自己。

我们中华民族要实现伟大的复兴，一定要好好地把自己优良的传统恢复起来。文化是我们民族发展的源头活水，有了这个精神支撑，我们中华民族在迎接各种挑战的时候才能不惧风险，才能有源源不断的智慧。

圣贤之道的精粹是什么？

学佛也好，学道也好，学儒也好，或者信仰其他宗教也好，最根本的是领悟智慧和觉悟人生。所谓各种关于信仰的纷争，说到底是人类的狭隘，困于小我的局限，看不到大智慧的圆融无碍。

如果大家放下自以为是的纷争，就会发现这些文化史上的圣人，都是引人走向超越小我的觉悟之路，但他们之间也有区别，正如《金刚经》所言：一切圣贤，皆以无为法而有区别。

大家仔细阅读圣贤经典，会发现这样的宇宙和人生真相：

一是世界万象无非众缘和合，都是各种条件在起作用。人在做任何事情的时候，只有创造众缘，才能水到渠成。

二是宇宙和人生是因果相续的过程，并非有一个外在的造物主决定一切，人类的终极救赎，在自己如何努力。我们学习圣贤，但不是盲目崇拜，而是按照圣贤的要求来做。这就是中华文化倡导的"命自我立，福自己求"，绝不可盲目迷信和狂热崇拜。

三是人生和宇宙的秘密在心性。我们看到的、听到的无非是心灵功能的体现，但并非心性本身，一个人如果迷恋于心性之外的花花世界，最终不免流浪生死。觉悟者要不被境迷，时时反观心性生发处的秘密，不随境转，这样才能自己做主，做自己的主人翁。

四是一个人如果走向彻底觉悟，一定是在给众生服务的时候才能实现。无论是超越人性的弱点，还是克服心性的迷失，绝不是靠口头说空话，更不是一个人躲避起来，闭门造车，而是在给社会服务、给大众谋利益的时候，不断地实现自我的净化和升华。

五是各家学派，殊途同归，皆在唤醒人性之中的美好，创造美好生活。庄子的《秋水》，与孔子的"和而不同"，佛家的"一切圣贤皆以无为法而有所差别"，有共同之处。

学习一个思想流派，一定要看它提供了什么智慧，对我们有什么教益，只有如此才是理智的文化传播者和学习者。

为什么说儒家是中华文化的基础？

中华文化是个金字塔型的结构，这个金字塔的塔基是儒家，儒家的塔基往上是道家，再往上是佛家。儒家是这个金字塔的基础，在学中华文化的过程中，务必打好基础，好好地阅读儒家的书。

有些学道学佛的人，空谈道理，而做人的基本修为尚不具备，诸如，在家是否孝敬父母？对自己的兄弟姐妹是否友爱？在社会上是否懂得奉献？在单位里对领导是否敬重？领导交付的事是否做得兢兢业业？诸如此类，如果做人的基础都不具备，就无从谈起更高的层次。儒家是基础，谈玄说妙的事先不要做，首要的事是把人做好，把人做好是一切的基础和前提。

建议大家一定要读儒家的书，打牢做人的根基。人品是一切成就的基础，孝敬父母，友爱亲人，与人为善，甘于奉献，讲求诚信，热爱国家和人民，等等，这都是做人的基础。儒家是人生金字塔的塔基，只有把塔基修好了，才能承载金字塔的高度。

没有做人的基础，一切文化理想都是空中楼阁。

儒释道三家的区别是什么？

儒释道三家既是一体，也有区别。我们每一个人既有"人心"也有"道心","人心"是人的欲望和弱点,"道心"是人的良心和积极向上的力量。儒释道都在净化人心,让道心更加澄明,但方式和途径有所区别。

儒家的思想,重在启发"道心"。儒家不仅高扬"道心",而且身体力行。孔子周游列国十四年,知其不可而为之。到了大汉王朝建立以后,经过一两百年历史的激荡,人们终于认识到孔子的价值:罢黜百家,独尊儒术。在《大学》这本书里,针对如何开启人的道心,儒家提出系统的修习道路:格物,致知,诚意,正心,修身,齐家,治国,平天下。

道家做的事是在破我们的"人心",引导我们超越自己的人性弱点,不要沉醉在功名利禄之中不能自拔。儒道两家,一立一破。立道心是为了超越人心,庄子和老子的道家走了一个相反的方向,他们是通过破除人的"人心",来树立"道心"。道家的智慧引导我们不畏浮云遮望眼,让我们活出真意义。什么是真意义?《左传》的回答是三不朽:立功、立德、立言。

从理论的深刻性来看,佛家最彻底最究竟。释迦牟尼佛通过自己的亲证告诉我们,我们每一个人、每一个众生都有和他一样的智慧。你的人生就在你自己手里,你种什么因你就受什么果报,你是自己人生的真正主人。所谓学佛就是一个自己开启内在智慧走向觉悟的过程,外在的力量都是助缘,而根本在于自觉。普贤菩萨说成佛没有第二条路,就是给大众当牛当马。因为众生是根,是树根和枝干,只有好好地低下头去护养这个树根,整棵树才能枝繁叶茂,佛菩萨的智慧之果才能结出来。一句话,任何一个觉悟者都是在给社会做贡献、给大众服务、给老百姓当牛当马肝脑涂地地服务时,才能成为一个真正的觉悟者。

一个人真正觉悟的过程,就是给众生服务的过程,在给众生服务的时候才能使一个人的心灵得到净化和升华,才能提升境界,净化心灵。

我们如何看待孔子？

如何看待孔子，近代以来众说纷纭，争议很多，各种观点，莫衷一是。对此我有四点看法。

其一，与中国近代的社会转型有关。对伟大思想家的认知呈现多元化，是人类社会的常态。近代以来，中国追求现代化的过程中，客观上需要对历史做一个清理和总结。孔子作为中国历史上不可替代的文化符号，如何认知和评价孔子，就成了中国社会现代转型的应有之意。这个过程现在未曾完结，孔子自然也成了争议不休的对象。

其二，孔子分为真孔子和假孔子。真正的夫子，士不可不弘毅，任重而道远，杀身成仁，舍生取义，当仁不让于师，朝闻道，夕死可矣，等等。可以说，真实的孔子，无论是他的人格魅力，还是伟大思想，都是人类文明史上的丰碑。两千多年以来，孔子的精神既是中华民族真精神的代表，又是我们不断进取的力量之源。但是在孔子去世之后，统治者为了自己的统治，对孔子的思想加以选择、扭曲、改造，使之成为维护专制独裁的符号，这是假孔子。我们要做的是继承孔子的真精神，剥离加在孔子身上的各种扭曲和背离。

其三，任何一个伟大文化形态都有超越时空的大智慧，也有限于特定历史环境的具体结论。我们要善于从孔子具体的表述中总结出穿越时空的智慧，使之成为我们民族的精神营养。

其四，任何一个民族，都要尊重自己的思想家，这是一个民族文化自信和绵延不息的根基所在。文化的传承正是通过一个一个伟大的思想家加以体现。在这种历史的传承与创新中，一个民族的生命力得以升华。反之，如果一个民族连本民族的伟大思想家都不懂得尊重，不仅说明了这个民族的浅薄和浮躁，更是其生命力萎缩的证明。

总之，孔子的思想虽然带有那个时代的痕迹，但孔子过去是，现在是，将来还是中国历史乃至人类历史上最伟大的思想家、教育家之一。孔子作为人类文明史上的典范，永远闪耀着光芒。我们能够平和地看待和尊重孔子，是中华民族精神上成熟的表现。否则，在各种偏激的言论中摇摆，只能说明我们的心智还需要不断地成熟。

佛学的智慧是什么？

有人问我什么是真正的佛学？并谈了他自己的困惑，我虽然只是一个佛学的门外汉，但还是可以谈一点自己学习儒释道的体会。

佛，原意为觉悟，不是指一般人的小体悟，而是彻底的觉悟之意。

佛学的第一个特点，就是启迪人们觉悟人生和宇宙的大智慧。之所以说是大智慧，是因为佛学力图揭示人生和宇宙的实相，告诉我们世界和人生的本来面目是什么。在这个意义上，佛学不是让人迷信偶像，更不是祈求外在力量的救赎，而是实现自我的觉悟。

第二个特点，佛学指出了宇宙运行和演化的几个规律或者大道：一是因果相续。我们生活的世界，有因有果，有果有因，因果相续。种什么因，收什么果报。所谓的科学研究，就是探究事情背后的因果联系。一个人如果希望有好的结果，那就必须种好善因。二是众缘和合，即任何事情和现象，都是各种条件具备才能发生。如果大家希望实现理想，就要积极创造各种条件，水到才能渠成。三是世界万象，变化万千，本性空寂而妙有。世界的各种物体和万象，无论是大的星球，还是春华秋实，都是变动不居的。他们的本性都是空寂。但这种空寂，并不是什么都没有，真空可以生妙有，妙有的本性是真空，切不可执着有空两端而失中道义。

第三个特点，佛学特别强调人自身的力量，认为真正的觉悟是自我的觉悟。佛学认为，一是人人都有和佛陀一样的智慧，推而广之，众生都有和佛陀一样的智慧，这在佛教《华严经》中说得很清楚，众生由于处在颠倒妄想之中，没有找到自己本来具有的智慧，所以没有得到觉悟。所以，人生的觉悟，都是自己的觉悟，而不是让人替自己觉悟。二是佛学反对任何迷信和盲目崇拜，因为所谓的觉悟，是每一个人向内求，找到自己心中的大智慧，因为"人人有个灵山塔，好在灵山塔下修"。觉悟的过程，实则是觉悟自性的过程，开启人人心中本有的大智慧，如夫子所言"反求诸己"，而不是在对外在的盲目崇拜中迷失自己。三是一个人如何才能开启自己的大智慧呢？这个过程，儒家称之为"明明德"，佛学认为一个人如果希望超越人性的弱点，开启自己本有的大智慧，应该是在给众生服务、利益社会的时候，逐渐发觉自己的智慧，超越人性的弱点。比如，布施可以超越自私，持戒可以让人不受贪欲污染，忍辱可以超越嗔心等。一句话，正是给大众服务的时候，一个博大、净化的心灵才能逐渐地呈现。所以惠能六祖说："佛法在世间，不离世间觉，离世觅菩提，犹如觅兔角。"当然，在定力不够的时候，学佛者会有一个远离世间、历练定力的阶段，但从本质上说佛学是奉献的智慧，只有在奉献中才能利益大众，净化自己。

第四个特点，佛学的基础是把人做好。如果一个人还不能堂堂正正，光明磊落；在家不能孝敬老人，友爱兄弟姐妹；在工作上不能兢兢业业，恪尽职守；在社会上不能遵纪守法，乐于助人，做一个好公民，那其他无从谈起。佛教《楞严经》讲得非常清楚，一个人如果不能真正做到超越杀盗淫妄，就不是真正觉者。越是有修为的人，越没有我执，越是谦卑随和，反过来如果狂妄自大，自以为了不起，则是心灵没有净化和缺少智慧的表现。

我们对任何文化形态，都是学它的智慧，领会不同文化形态对我们的启发，从而海纳百川，让我们更开阔、更超拔通达，更有智慧和觉悟。不管是儒家、道家和佛家，都告诉我们"命自我立，福自己求"，我们学习圣贤，敬仰圣贤，但绝不是盲目地崇拜，更不可迷信，对于社会上各种大师现象，大家要明白真正的觉悟是内求，天行健，君子以自强不息。这其实包含了中国先贤的慈悲和大智慧。

王阳明是如何创立"心学"的？

王阳明的"心学"引起很多人的兴趣。到底王阳明先生在说什么？恐怕很多人不知其所以然。

明武宗正德三年，即1508年，王阳明因言获罪，被杖责并谪贬至贵州龙场驿。身处偏远之地，在万般孤苦中阳明先生忽有所悟——以前东说西说，无非是嚼别人的口舌，说别人的是非，而今以后，则是发明自家主旨。从此阳明先生开坛办道，自成一家，遂成圣贤气象，史称"龙场悟道"。那么，我们不禁要问：阳明先生究竟在龙场悟到什么？是什么让他信心满满？我们从中可以得到哪些领悟？

阳明先生早年曾信服程朱理学，认可格物致知之理，某天决心从格自家的竹子着手，探究万物之理，结果七天之后，心力交瘁，一场大病后，阳明先生开始反思朱熹的主张。被贬贵州之后，山高水远，阳明先生纵有大丈夫之志，可是又能如何？面对报国之心受挫，无处可求的困境，加上早年格竹的经历，他忽有大悟：人生至理，唯有反求诸己，向内心求问。就在这内求的致思之中，阳明先生发现了一片生机。儒家言人人皆有良知，反求自性，才可人人为尧舜；佛家言人人都有佛性和觉性，唯有反观自性，才是人人皆可成就觉悟之路。生命的智慧，不是东求西求，崇拜偶像，迷失心性，这样蒙蔽自性，是自误之道。

阳明先生在龙场的孤苦偏远之机缘，恰恰为他反求诸己、追问自性提供了很好的外缘。否则，一个人在权力的名利场里攀缘，在偶像的光环里膜拜迷失，哪有机会体会自性的生机？所以龙场悟道后，阳明先生自信满满，自此后不再效法别人的话，而是表达自己的见解，展示一代宗师之象。

我们从中亦应该有所悟，当在权力和金钱的追逐中忘失本心的时候，不妨当头棒喝：自己的情怀和使命何在？无论有多少诱惑和干扰，我们都不应该失去赤子之心。正是在反求诸己的过程中，做真正该做的事，于个人、家庭和国家，都有所益。真是如此，即是《华严经》所言：不忘初心，方得始终。正是有了这份觉悟，无论多么显赫的地位，还是多么平凡的工作，我们心中都会升起自信和意义感。因为在大道面前、在情怀使命面前，人人平等，无高低贵贱。反之，当在虚荣攀比中忘乎所以的时候，一朝梦醒，又是怎样的结局？

愿大人者，不失赤子之心。以一颗赤子之心做人做事，在生活、工作中升华自己的心灵，在做事中修心，修心在做事中验证，最终良知呈现，天理流行。

什么是道、魂、术、器？

"道"在中华文化里是一个非常重要的概念，无论是人类社会，还是宇宙万象，其背后都有运行的规则，我们姑且称之为"道"。任何事情，只有符合大道，才能取得成功。大家看人类社会的发展，尽管其中有一些曲折和回流，但人间正道是沧桑，只有那些利国利民、顺应历史潮流的人，才能够名垂青史，被人民怀念。利国利民、顺应潮流，其实就是顺应人类社会的道。推而广之，做任何事情，都有"道"，都有背后的规律。

一个真正领会大道的人或者组织，才会有"魂"。我们常说一个人要有自己的"魂"，实际上就是内心领会大道之后在心灵深处升起的坚定不移的力量。如果一个人没有领会大道，做事如水中浮萍，那就是"失魂落魄"。

同时，做符合大道的事情，如果想取得成功，还需要有相应的方法，这就是"术"。比如，一个公务员，立志为人民做事，服务社会，这就是"道心"。但是，仅仅有这样的理想还不够，还要有做事的方法，要懂得在不同的环境里处理好不同的问题，真正在现实中践行为人民做事的理想。这就是有"道"也有"术"。否则，仅凭好心，未必能做成事情。

有的时候，有了"道""术"，还不够，还需要"器"。比如，一个水利专家，立志用科技服务社会，这是"道心"坚固；同时，做事情有办法，会沟通，这就是"术"；经过多方协作，众志成城，建成了造福后代的水利工程，这就是"器"。知识分子要为"天地立心，生民立命"，这是"道心"；做事周全，做人圆融，这是"术"；著作等身，启迪大众，这就是"器"。

这一生，我们既要有坚固的"道心"，真正发愿为人民做事；也要有做事的方法，要有团结大众的能力，这就是"术"；还要给后世子孙留一些"遗产"，真正惠及子孙后代，这就是"器"。真正将"道""术""器"圆融地集合在一起，那才是了不起的人生。

《黄粱一梦》对我们有什么启示？

重读《黄粱一梦》的故事，我不胜唏嘘，怅然若失。

读书人卢生，边耕边读，去京城赶考的途中，偶遇道士吕翁。两人在旅店聊天，谈及人生追求，吕翁笑而不语，取出一个枕头让卢生休息用。也许路途疲乏，卢生倒头后不久睡去，其间梦到自己娶了美丽的妻子，考中进士，后御敌有功，被重用提拔。晚年的时候，却苦病交加，这个时候突然梦醒，发现旅馆做晚饭的小米还没有完全熟。卢生问道士："这是一场梦吗？"道士笑语："人生不就是这样吗？"

我童年就知道这个故事，可今天偶然翻起，心似乎有些许的悲凉。如果我们现在就知道生命的终点和一生的景象，该是如何的心情？所有苦心经营的一切，意义在哪里？几十年的人生，在历史的长河里，白驹过隙，在宇宙的浩渺里，更是微不足道。自己入戏的时候，悲欢离合，恍然有悟的时候，怅然于如何不辜负自己的人生。正因为如此，什么才值得追求，什么需要超越，我们要明明了了，不虚度年华。

人一生有很多的路要走，我们悲苦也好，辛劳也好，逍遥也好，都不过是一枕黄粱。在读到近期被判无期徒刑的贪腐官员案例时，更多几分可怜和遗憾。入梦的时候，灯红酒绿，哪个不是真真切切？忏悔的时候，哭哭啼啼，真的红尘照破了吗？

《金刚经》说："一切有为法，如梦幻泡影，如露亦如电，应做如是观。"这黄粱一梦的人生体悟，孔子何尝不知？佛陀何尝不知？可正是他们照破幻想，才知道什么是真正值得追求的。于是辛苦操劳，为社会解难，为众生解脱而奔忙一生。黄粱一梦，我们都要梦醒，梦醒之后才能追求不生不灭、不垢不净、不增不减的人生真面目。庄子说："天地与我为一，我与万物并生"。天人一体，众生一体，这是世界的本来状态，一个真正的觉悟者，一定会搞清自己对众生的责任，事不避难，义不避责，义无反顾，为了众生的福祉而任劳任怨。

梦醒了，才能过真正有意义的生活。从这个意义上说，《红楼梦》根本不是把一切美好毁灭给人看，恰恰相反，《红楼梦》，是一部唤醒沉睡人的书，既然梦醒，就要过真正有意义的人生。这才是秘密之处，也是生命希望之光照耀的地方。

"莫听穿林打叶声"是什么含义?

很多人不知道要做自己的主人,他们不知道自己的方向,优柔寡断,经常被外在的各种力量干扰和影响,患得患失。

一个人的世界有两部分,一个是内心世界,一个是外部世界。真正的强者,知道自己的使命,做自己该做的事,以自己的能量影响世界。正如同孔子所说:"君子之德风,小人之德草,草上之风,必偃。"意思是真正的君子,知道自己的责任和使命,专注于做自己的事,不但不被所扰,而且能够以自己的力量影响世界。这就是"莫听穿林打叶声,何妨吟啸且徐行"。

相反,庸庸碌碌的人,不知道自己是谁,不知道自己该干什么,轻易被外部影响,容易陷入稀里糊涂的状态。社会复杂,一个人做人无论如何周到,与人为善,都不可能影响所有人,也不可能得到所有人的赞赏,甚至会遭受误解和攻击。但只要自己做得对,就要坚持。无论结果如何,只要力所能及就好。

为什么说"大道不远人",不要故弄玄虚?

《中庸》上说:"道不远人。"真正的大道,不是谈玄说妙,不是搞什么偶像崇拜,而是在把人踏踏实实做好的基础上,不断地超越小我,达观、通透、圆融、超拔、奉献、无我。

大家读《论语》可知,孔子担心人们走偏,一直引导人们走平和的修习路线,强调君子务本,各司其职,只有把这个基础打好,才能有更高的境界。所以《论语》说:"夫子之言性与天道,不可得而闻也。"意思是夫子很少谈玄而又玄的东西,强调未能事人,焉能事鬼?未知人,焉知天?

老子也强调求道是无为之法，圣人无常心，以百姓之心为心而已。佛教也强调从五戒十善做起，而不是用神秘的内容勾起人们的好奇。

提高修为，如同盖人生的高楼。万丈高楼，首先把地基打好，这个地基就是德行和人格。我们常说一个人的德行很好，其实一个人的德行好，外在的表现就是忘我和奉献，只有超越小我的算计，能够为大众着想，才是有德行和高尚人格的人。如果朋友之间不能讲诚信，对社会和家庭没有责任感，不能孝敬父母，基本的做人还不过关，什么高妙的境界，都是骗人的。

因此，无论学习哪一家的文化，首先强调做人，不要坑蒙拐骗，要待人诚恳，与人为善，光明磊落，对家庭负责，在社会上做个好公民。有了基础，才有进一步提升的可能。

儒家的"立"，道家的"破"，含义何在？

儒家讲立，立仁义道德，告诉大家怎样做才是堂堂正正大写的人。道家说破，告诫大家看破名缰利锁，不做欲望的奴隶，最终"因嫌乌纱小，反把枷锁扛"。佛教既立也破，破的是人的虚妄，立的是一颗真心。烦恼即菩提，生死即涅槃，理事无碍，事事无碍，放下自在。立一个浩然之气，破一个虚妄愚执，以当下悟圣境，以此岸的忘我奉献做彼岸彻悟的资粮，在奉献中忘我，在忘我中奉献。随缘自在，自然而然。

我们怎样学道？

近来读道家的书，收获颇多。真正的好东西，在于直慑人心，让我们领悟真理，提升智慧。

学道，说来说去，不可仅仅在文字上转圈，更不可卖弄文字和名词。人生一切，都是心灵的显现；人生的一切风尘，都是为了修一颗心。当一个人把心上尘土，诸如贪财心、好名心、嫉妒心、嗔恨心、好色心等净化的时候，也就是道心显现的时候。这其实就是所有修行的核心。一个人心灵的净化，恰恰要通过为大众谋福的过程加以实现。真修道人，一定是力所能及地为大众造福，在这个过程中净化自己，成全别人。

学道与修道是一体的两面。不学，不知何以修；不修，何以真悟？知识分子更多把读书写东西当作评职称拿奖金的工具，与学道修道没有任何关系。真修道人，无关名利，需要独具慧眼的人加以识别和尊重。一般的人，只是看重名声、头衔，这与道行、境界没有任何关系。

学道修道传道，"道不远人"，如果将"道"说得远离人的生活，那样既是没有真正领会大道，更是自绝于天下。要说人们听得懂的话，让最普通的人知道怎么做。学道不离日常生活，在生活中多一些爱心和慈悲，多替别人考虑，孝敬父母，关爱兄弟姐妹，与人为善，爱自己的国家，力所能及地给社会造福，这就是修道，也是行道。至于一个人修行的层次有多高，那要看心灵到底净化到什么程度，为大众造福到什么程度。

道不远人，远人不可为道。

孔子为何"敬鬼神而远之"？

在人类的文化史上，中华文化是最不迷信的文化，是最有启蒙精神和觉悟特质的文化。孔子曾经说"敬鬼神而远之"，此句寓意深远。

所谓敬鬼神，是告诫我们要有敬畏之心，宇宙极其复杂，我们不知道的太多，敬天敬地，敬重每一个帮助成全我们的力量。正因有敬畏之心，我们才言行谨慎，避免出错。所谓"远之"，是说人生真正的拯救在于自己的自强不息，而不是在对外的盲目崇拜中迷失自己，放弃自己努力的责任，因为命自我立，福自己求。

中华文化把人的尊严提到了相当的高度，认为人类的主人就是自己，就在于自己怎么认识和怎么行动。它没有把人引向对神秘力量的盲目崇拜，而是引导人们做一个堂堂正正大写的人，做一个自己决定自己命运的人，一个自我实现、自我升华的人。

内在的境界，如何通过外在的做人做事证明？

我们在谈一个人的修为境界时，分两个层次：一是内在的层次和智慧，二是外在的行为与为人处世。

究竟一个人内在的层次和智慧如何，我们没有客观的标准加以印证和衡量；但是一个人外在如何做人做事，却历历在目，有案可查。因此，我们评价一个人时，不要在不能验证的地方耗费时光，要看重一个人在生活中的言行举止。

如果一个人孝敬父母，甘于奉献，与人为善，做工作兢兢业业，心胸开阔，做人诚实坦荡，这就是值得我们学习和尊敬的人。无论是谈玄说妙，还是以各种搞怪迷惑人心，都根本背离了中华文化的要旨。

权力越大，责任就越大吗？

禅宗的二十八祖达摩祖师，自印度来到广州，又北上与梁武帝交谈。武帝问祖师造像供僧等有多大功德？祖师说"毫无功德"，只不过是人天福报。此话让梁武帝心里很是难过和不解。

"毫无功德"是何意？大须审量。功德是无所求而布施，表现为一个人心灵的净化和内在智慧。人的福报是有所求布施，是做好事希望得到回报。无所求布施，种无上菩提果，这是成圣成贤的道路；有所求布施，会有锦衣玉食，乃至高官厚禄。但越是福报大，如果没有德行和智慧，造业越大，后果就越惨烈。如一个平凡人，作恶危及一人，而掌握大权者，作恶会伤害无数大众。所以《道德经》说：祸兮福所倚，福兮祸所伏。此言务必引起我们的注意。

越是有大福报的人，越是掌握大权力、拥有大财富的人，责任越大，越要懂得惜福，越要戒惧谨慎，多为众生谋福田，造福大众，服务社会。否则，祸福之间，只在一个念头罢了。

放下屠刀，立地成佛，指的是什么？

所谓放下屠刀，这只是一个表象。真正的放下，是心里彻彻底底地放下，而不是简单地放下手里的屠刀。一个人如果心里面真正放下了杀盗淫妄这样的恶业，内心里澄澄明明，必然升起大慈大悲的佛菩萨真心。所谓学佛，并不是表象上做一点给人看的样子，而是真正地内心净化。一个人无论是利益大众，还是参禅打坐，目的都是累积功德，净化心灵。当一个人彻底净化的时候，就是修成一颗佛心而真正成就自己的时候。因此，放下屠刀，立地成佛，这样的话既包含了鼓励有恶业的人去修行的善心，同时也告诉我们，一个人只有内心彻底净化、超越所有的杀盗淫妄等恶业，才会功德圆满。要知道，彻底放下心中所有的杀心、贪心、嗔恨之心等，都是极其不容易的事。

至于好人要经过亿万年的修行才能最终成就，这也是一种方便说，是一种比喻，来形容净化心灵和不断自我超越的艰难。以我们自己为例，如果希望成圣成贤，真正走上超越的大道，会时时观察自己的起心动念，发现超越自己的弱点、不断净化自己的心灵非常不容易，正因为这样，圣人才告诉我们，如果要实现彻底的觉悟和净化，需要经过亿万年的时间。其实，时空都是相对的，如果一个人非常精进，一年也等于若干年；如果一个人放逸自己，得过且过，也许修行多年也没有实际的成效。因此，读书不可死抠几个文字，而要能够通达其意，只有这样，才能明白圣贤的意旨，而不是望文生义。

真正彻底地放下屠刀，放下心中所有的杀盗淫妄等恶念，这需要大智大勇。而我们所谓的"好人"，其内心深处也有很多人性的弱点，需要不断克服和净化。

为什么要坚决反对"迷信"？

反对迷信，这已经成为全社会的共识，但什么才是迷信？怎样防止一个人走向迷信和愚昧？这才是解决问题的关键。

所谓"迷"，实际上是指迷失自己，不相信自己的力量，将自己的命运寄托在外部的力量上，这就是"迷信"的真实含义。人的命运到底在谁的手里？是由一个外部的力量操纵，还是根本在于自己的努力？对此中华文化做出了清晰的回答：命自我立，福自己求。天行健，君子以自强不息。当然，一个人在追求理想的拼搏中，外部的力量固然起作用，但根本在于自己的努力，换一句话说，只有自己足够努力和优秀的时候，外部的力量才能更好地起作用，否则，自己不努力、不优秀，外部的力量也无法起到协助的作用。正因为如此，我们中国人才说：自助者，天助之；自助者，人助之！

因此，反对迷信，实际上就是将人生力量的基点放在自己身上，通过自己的努力改变自己的命运，在刻苦努力的基础上团结其他力量，将美好的理想加以落实和实现。

任何一个人，一旦迷失自己，不相信自己的力量，开始对外部的力量盲目崇拜和迷信，必然会陷入愚昧的深渊，人生的悲剧也无可避免。反对迷信，依靠自己，自强不息，团结大家，一起努力，追求真善美的生活，这才是正道。

学习中国传统文化之后，就一切顺利吗？

有的人问我："我学佛之后，感觉还是不顺利，生活很苦闷，那我学佛到底为什么？"我也立刻问他："你学佛的目的是什么？"他说："不就是为了生活顺利、事事吉祥吗？"我告诉他："你的人生、你的生活，只有你自己决定，其他任何力量也不能代替你。"

学佛，不是迷信，不是相信一个外在的神秘力量让自己吉祥顺利，让自己发财当官、生男生女。佛者，彻悟也，学佛，实际上就是学习佛陀的智慧而成为一个真正觉悟的人。一个真正的觉者，其实就是领悟"大道"，明白世间运行的规则，从而自己把握自己命运的人。如果相信一个外在的神秘力量可以决定自己的幸福，这是典型的迷信，更是对佛陀智慧的背叛。

因此，学佛其实是在佛陀的指导下领会大道，做一个真正觉悟宇宙的运行规则和人生秘密的人。宇宙的秘密是各种力量的众缘和合，宇宙万象的成住坏空；人生的秘密是自作自受，种什么因，收什么果。无论是个人的命运，还是人类的命运，都不在别处，更不是神秘力量决定的，而是自己的选择，对自己的言行自己承担后果。人类是自己决定自己的命运，自己书写自己的历史。懂了这个道理，学佛之后，我们不是一下子都吉祥如意、事业发达了，而是我们要在起心动念的地方管好自己，种人生的善因，收人生的善果。

至于人生的不顺利，更多是因为自己的妄念太多，看不清楚前因后果的时候妄言妄行而导致的人生被动。因此，人生不顺利的原因在自己，而不在别处，想改变命运，也只有一句话：天行健，君子当自强不息。不仅是学佛，学中国的历代圣贤，都是学习他们的智慧和精神，领会之后自己的生活如何，要看自己能否知行合一。可以说，中华文化是最让人觉悟的文化，是引导、启迪每一个人决定自己命运的文化，是摆脱蒙昧和开启真正大智慧的文化。

何为国学？

国学在不同的历史时代，有其不同的内涵。

在先秦时期，尤其是西周的时候，国家承担起教育的责任，很多贵族子弟要去国家的学校里接受教育，然后才能具备治理国家的能力。这个情况下，所谓国学，主要是指国家层面的办学。与之相对应的就是私人办学，孔子就是杰出的代表。在那个时代，官学或者国学，不向一般的平民百姓开放，这很不利于文化的传播和社会的进步。孔子的伟大就是他在礼崩乐坏的时候，承担起文化教育的责任，主张有教无类，任何平凡的人，只要虚心向学，孔子都可以收他为徒，针对不同的学生，孔子主张因材施教，这对于文化传播和教育的发展，起了重大作用。

到了近代，国学的内涵再一次发生变化。西方殖民者不仅用武力打开中国国门，而且用西方的文化对中国进行精神殖民，控制中国人的信仰、思维方式和价值，在这种情况下，忧国忧民的知识分子和志士仁人，决心捍卫中华文化的主体性，扛起发展中华文化的责任，相比较于"西学"，我们提出了"国学"的概念。简言之，近代的"国学"，是指中华民族的文化创造，从创造的主体看，包含了五十六个民族共同的创造；从内容上看，儒、释、道、中医、绘画、书法、武术等，涵盖了中华文化的方方面面。可以说，任何一个民族的振兴，都必然重视本民族的文化创造，从这个意义上说，国学热的兴起，是中国发展的必然结果。

在学习国学的问题上，我们要认识到没有中华文化的振兴，就没有中华民族的振兴。中华民族，一定要有自己的精神家园和心灵世界，一定要维护中华文化的主体性，但在同时，我们如何吸取中华文化的精粹古为今用，发扬光大，如何吸收其他民族的优秀文化，为我所用，并结合时代发展的态势，创造中华文化的新辉煌，还需要我们更多的努力。

我们为什么要学习国学？

文化是民族的血脉，是我们共有的精神家园。中华文化是中华民族的独特精神标识，它培养出了我们中国人之所以是中国人的内在特质。中华文化是我们民族的根脉，如果中华文化被肢解，就切断了我们的精神命脉。可以说，正是中华文化的智慧，滋养了中华民族披荆斩棘的力量和奋勇拼搏的精气神。

阅读中国的历史可以看到，四五千年以来我们这个国家什么时候能够大一统，什么时候国家就强大，人民就安居乐业；什么时候没有了大一统，国家就会分崩离析，人民生灵涂炭。我们今天大一统的局面很不容易，要懂得格外珍惜。可是这个大一统的局面要怎么维持？除了政治的力量以外，维持这个大一统的状态最重要的就是民族的文化和价值观。能把人心都凝聚起来要靠文化的认同。我们提出了社会主义核心价值观，其实核心价值观就是要起到这个作用——把中华民族拧成一股绳。

所有弘扬中华文化的人，不仅是因为个人的爱好，更是在承担着护养民族文脉的责任，是在维护我们中华民族的大一统。文化认同，这是让五十六个民族形成向心力、凝聚力和生命力的精神支柱，对此我们要保持高度的清醒。

如何做好国学教育？

国学，这是社会上流行的说法，而在国家层面是指中华优秀传统文化的教育。应该说重视国学教育，已经成为全社会很多人的共识，但如何做好国学教育以助力民族复兴的伟大事业,需要我们做出全面的回应。

第一,国学教育应该做好清理和选择。在历史的长河中,我们要认清哪些是附着在中华文化肌体上的污垢,哪些是中华民族生生不息的力量源泉。我们从事的国学教育,是要把中华文化中最有生机的内容择取出来,惠及社会,帮助孩子健康成长,同时一定要做好剥离,清理那些与时代不相符合、影响社会长久发展的内容。

第二,国学教育如何融入国民教育体系,应该逐渐探索,加强研究。根据孩子成长的规律和不同年龄的特点,应该有与之相符的国学内容。

第三,在进行国学教育的过程中,背诵适合年龄较小还没有理解力的孩子,到了有一定理解力的时候,就要结合孩子的生活,适当地加以解释,以引导其健康成长。

第四,孩子学习国学,应该有的感受就是:喜欢国学并且觉得它很有用。这样国学教育才能生机勃勃,真正生根发芽,助力民族复兴。唐诗宋词、国画、音乐等都是一种艺术,让孩子们体会到它们的美,就可以让他们喜欢上国学;那些经典中的智慧,我们要结合孩子的生活加以解读,让孩子觉得特别受用。能做到这两点,国学教育才会有深入发展的基础。

此外,社会上还有很多国学教育机构,如何顺应孩子的成长规律,如何尊重法律,如何和现有教育体系接轨,保证孩子健康快乐成长等,这都是需要注意的问题。

阅读经典,为什么是人成长的捷径?

我的观点是,学习中国优秀文化,传承中华传统美德,一定要多读国学经典。诸如《论语》《大学》《中庸》《道德经》《孟子》《庄子》《黄帝内经》等,这些都是大浪淘沙之后的精品,是几百年才出现的传世经典,历久弥新。这些书,可谓人类文化的蜂王浆,凝练了中华民族最精彩的智慧,阅读经典并从中吸取智慧是一个人成长的捷径。

读圣贤书的时候,大家会发现一个问题,就是不太能感受其中的智慧。在实际中,阅读经典往往需要有人带着读。这如同过河一样,河的对岸有美丽的风景,如果希望过河看风景,那就需要一座桥梁或者一艘渡船。南怀瑾先生这样的文化大师就是帮我们过河看风景的"桥梁"。

学习中华经典,一定要领悟其中的内涵,不要走偶像崇拜的路子,而要在圣贤智慧的启发下,开启自己的觉悟和灵性。我们礼敬每一个有修为的人,礼敬我们的圣人,但根本上是否觉悟在于我们自己,人生是否能得到拯救也在于我们自己。这正如《易传》所说:"天行健,君子以自强不息。"

读传世经典,学习人类最精彩的智慧,过好我们的生活,这是有智慧的人做出的选择。

如何解释经典?

人类历史上的经典,很多都是历代哲人对人类命运和宇宙究竟的深刻思考,回应了人类生存面临的永恒话题,具有穿越时空的价值。正因为如此,经典才是常说常新,不断地为人类的文明进步注入营养。

但阅读经典和阐释经典,也存在一系列的问题:有的是拘泥于文本,就文本谈文本,缺少与大众生活的对接,缺少对时代潮流的回应,结果导致经典成了历史文物的代名词,而失去了内在的勃勃生机。也有的人,自由阐释,说得天花乱坠,但由于背离了经典的真意,导致戏说经典,丧失了经典对人类文明的指导功能。因此,如何阐释人类历史上的经典,是值得思考的问题。

在谈及如何解读经典的时候,我们不妨先透视人类历史的发展过程。如果把人类历史比喻成大江大河，一路走来，浩浩荡荡，不断有新的水流注入，不同地方的风景也不一样，但在这不一样的地方中，也有不变之处，那就是无论多少水流注入，无论两岸的风景多么不同，都需要将河水稳固在河道里，这样不管怎么样的惊涛拍岸，都不会洪水泛滥，危害大众。

大家再看天空，春夏秋冬，斗转星移，但是无论星辰怎么变幻，有一点总是不变，那就是地球转动时地轴始终指向北极星。地球指向的北极星不变，说明人类生存的宇宙环境稳定，否则宇宙出现大的错动，导致地球运转失去规律，后果不堪设想。

由此，我们联系到如何解读经典，道理也是相通的。随着时代的变化，我们必须将经典解读与当下人们的生活结合起来，反映时代变革的信息。但经典里有哲人对人类历史永恒问题的思考和回答，这些思考和智慧，如同北极星一样，如同大江大河的河岸一样，在指导和规范着人类文明的轨迹。这样，无论人类文明发展经历多少惊涛骇浪，都能够在经典之光的照耀下回归常态，回归人应该怎样生活、应该怎样处理人类面临的各种关系上。

因此，我们学习经典，不仅仅要灵活地根据时代变化赋予新的解释，也要阐发其中关于如何让社会回归常态的智慧，告诉我们应该怎样做人，怎样做事，应该怎样处理好各种关系，这样，经典就释放了规范人类文明的力量，使得人类社会无论经历怎样的沧海桑田，都不至于忘乎所以或不知所措。因此，经典是人类的路标，是人类的北极星，永远为前行的人类提供智慧和启迪。

我们应该怎样读国学经典？

很多人知道经典好，但就是读不懂，如何解决这个问题呢？

下面我谈几点供大家参考。

首先，我们要正确理解文字和智慧的关系。文字是一种载体，我们如果想透悟圣贤的智慧，既要依托文字，又不能拘泥于文字。好比说一个男孩给女孩送一朵花，但男孩子真正的用意不在花上，而是花背后的感情。有智慧的人，看到花的时候，就知道这个男孩子在表达对女孩子的好感和喜欢。文字就像那朵花，真正的秘密在于文字背后的内涵。如果局限于文字，局限于字词句的僵化解释，那就会离题万里，不得其妙。

其次，阅读经典有一个阶梯，就像一个人登山，总是一个台阶一个台阶慢慢地登，不可能一步登天。

中华文化儒、释、道这三家，从层次上来说就像个金字塔。儒家的书是塔基，打下人格的基础，才能一步步升华。

我们读经典的时候切忌好高骛远，要从儒家的书开始，踏踏实实地读，先学会做个好人，在家里孝敬父母、友爱兄弟、爱护孩子；朋友之间讲诚信、和睦相处、成人之美；到社会上做个好公民，遵纪守法、乐善好施。

儒家告诉我们大丈夫要干出一番事业，为天地立心，为生民立命，为往圣继绝学，为万世开太平。立功、立德、立言，做人要见利思义，厚德载物，与人为善；做事要君子务本，先难后获（先付出劳动然后再取得收获）。这些都是我们如何做人的准则，也是人生大厦的根基。

有的人看起来很有追求，可是闷着头奋斗，一旦走偏，往往代价惨痛。《三国演义》的主题曲《临江仙》这首词，反映的就是道家很高的智慧：人们苦苦追求的东西，真的值得吗？苦费心力，绞尽脑汁，心力交瘁得到的东西，真的有意义吗？这就是"滚滚长江东逝水，浪花淘尽英雄"这首词给我们带来的思考。一般的人总以为道家思想有点消极，那是因为拘泥于文字而不能真正理解道家思想内涵。道家真实的内涵是让我们不要被无意义的事情所迷惑，不要做欲望的奴隶，而要拨云见日，做真正有意义的事。如果在这些基础上，大家再读一读佛学的智慧，那就会觉得更加透亮和通达。

如果要具体到从哪一本书开始读，实际上各人有各人的缘，因人而异，没有统一的标准。有的人智慧超拔，一读《易经》就有心得；有的人就会感觉很难，可能读《论语》《孟子》会比较有感觉；而有的人开始只能读《弟子规》，无法阅读更深刻的哲学著作，只要他觉着有收益就可以契入。

如果觉得自己读经典有困难，那么可以找一些有德行、有学问的人去带着你读，可以看看他们对经典的解读，比如虚云老和尚的书，南怀瑾先生的书，钱穆先生的书等，都是开卷有益的。

读圣贤书的意义有哪些？

在提倡读圣贤书的时候，曾有人问我："圣贤书的境界，你能做到吗？"我马上告诉他："我当然做不到，别人有的弱点，我都有，也许我的弱点更多。但正因为如此，才要更多地看圣贤书，正因为自己做不到，才需要一个文化的丰碑和路标，每一个人的人生都需要一个北斗星，指引和启迪我们如何思考、如何做人、如何更好地完善自己、如何更好地前行。"

提倡读圣贤的书，不是要每一个人都能做到和圣贤一样，而是因为书中给我们提供了一个理想的人格供我们学习。以孔子为例，他方方面面的思考都能给我们启迪和指导。比如，如果做官，夫子告诉我们从政者，正也，己不正，何以正人？如果经商，夫子告诉我们要见利思义，绝不要发没有良知的财，否则早晚出事。当自己有成就的时候，夫子警示我们要己欲立而立人、己欲达而达人，意思是自己希望有机会，也要给别人机会，自己成功了，也要帮助别人。当看到别人优秀时，夫子告诫我们不要嫉妒，而是见贤思齐，见不贤而内省。遇到问题时，夫子劝慰我们不要一味指责别人，而是多反思自己,君子求诸己。当遇到考验时,夫子鼓励我们要活得有气节,杀身成仁,舍生取义,等等。大家会发现,圣贤的著作某种程度上是我们的人生教科书,对我们生命中的很多困惑,都能给予某种指导和帮助。

简言之,读圣贤书不是苛求大家,而是让圣贤书告诉我们怎么做人、怎么做事,给我们启示人生的方向。

当然,读书不能教条,孟子说"尽信书,则不如无书"。意思是读书关键是掌握主旨,领会精髓,然后结合实际,创造性应用,这就是古人所讲的"明体达用"的道理。

做不到圣贤的境界,就更要以圣贤的智慧和境界为坐标,指引前行的方向。

为什么听说了很多道理,却过不好这一生?

许多人说:听到了很多道理,却依然走不好这一生。这道出了很多人的感慨和悲凉。

一个人,只是嘴皮子上懂得一些所谓的道理,并不是心里真懂,更没有付出行动,是不会改变命运的。有一些人礼拜过很多圣贤之士,顶礼过很多修为高的人,请教了很多智者,大道理听说了很多,可自己还是自己,没有多少改变,又能如何过好这一生?

修行,要从微小的地方起步,要从点点滴滴的习气入手。比如,如何克服自私?要在点点滴滴的奉献中培养品格,做一个能够突破小我而有大我情怀的人。这样才能在奉献自我的时候,拥有欢喜的心。

如何克服执着?有缘的好好珍惜,没有缘分的时候,不要有据为己有之心,做一个放下的人,能够随缘来去,恬淡自然。

如何克服过于强烈的欲望?做到看破和超越,不纠结不放纵,身心舒展而又道法自然。

如何应对愚昧？能够在幻象纷纭的世界里，看到世界实相，看到问题背后的实质，从而智慧涌现。

修行，要在每一个细微处努力，发现自己的弱点，升华自己的境界，提升智慧。只有这样的人，才是真正的行者，人生也才会有切实的改变。否则，仅仅是嘴皮上的功夫，如何让生命通达？

如何让阅读更有"智慧"？

世界上的书很多是在传播知识，而知识只是适用于特定的时代和场合，我们姑且称之为"对境智"。但世界是瞬息万变的，这种只适用于特定时空的智慧，在因缘发生变化的时候，就会失去效用。僵化保守的人和教条主义者就是因为不懂这个道理，固守在特定因缘下得出的条条框框，结果使自己陷入被动甚至失败。

同时，人生的生生灭灭背后，还有着一些恒久的智慧。历史上有很多智者，他们努力的方向，就是让人们不要被幻影所蒙蔽，他们阐发对人生宇宙实相的理解，向人们传播穿越纷纭、直达万物源头的智慧。

我们不妨时常反思一下：我们所读的书，哪些是特定环境下的具体知识，哪些传递了超越时空的大智慧。有了这种反思，我们就能更有针对性地读书，将更多的时间用于学习对自己有用的知识。以有涯的人生，阅读体会究竟圆满的智慧，不正是智者所为吗？

我们能为后世留下什么经典？

当我们阅读国学经典的时候，发现三千多年以前有《诗经》《尚书》《易经》等，两千多年以前有《道德经》《论语》《黄帝内经》《孟子》《庄子》

等，一千多年前有唐诗等，几百年之前有宋明理学、陆王心学等，中国的文化史长廊，星光夺目，璀璨辉煌。回望历史，我们的列祖列宗对得起我们后世子孙，每一个时代，都有那个时代的代表作，构成了中华民族文化史的一部分，也为人类的文明史贡献了精品大作。可今天呢？

当今的文化创作，有些人在追逐市场盈利剑走偏锋，有些人在迎合人们娱乐需求走向浅薄和浮艳，我们是否能够穿越迷雾创造出代表这个时代的文明精品呢？

希望有责任有使命的知识分子，能够看穿浮云，继承文明史上最璀璨的智慧，结合当下的生活，直面时代的挑战，真正沉下心来创作出无愧于时代的文化精品。让千百年后，后世子孙回望我们这一段历史，能够心生赞叹，仍能从我们这一代人提供的文化作品中吸收营养，助益于人类的文明进程。

如果只是沉浸于各种娱乐，滚滚长江东逝水，浪花淘尽之后，没有经得起历史检验的东西，岂非上愧对列祖列宗，下对不起后世子孙？我们这一代如何对人生、对历史交代？

如何理解文化宣传要"正气存内，邪不可干"？

文化宣传的作用，是用优秀的文化和正确的价值观引导社会，而不是拿起批判的靶子，简单地到处围追堵截。对误导社会的错误观点予以批评格外重要，但用优秀的文化和正确的价值观引导社会才更为根本。

用正确的价值观引导社会，给社会鲜明的导向，对于什么是我们大力赞扬的，什么是我们不赞成的，应该清清楚楚。如同一个单位，正派、公正、德才兼备的人得到提拔和重用，而阿谀奉承、阳奉阴违、欺上瞒下、违法乱纪的人，决不能给他机会，这样一个单位就会树立清晰的用人导向，风气也会越来越好，否则，劣币驱逐良币，后果不堪设想。

只有正气存内、扶正固本，树立清楚的社会导向，人民才知道什么是对和错，哪些应该被尊敬和推崇，哪些应该被批判和警惕。用优秀的文化滋养社会，就能培养民众积极向上的精神风貌，营造人与人之间亲诚和谐的人际关系，可以让每一个人都生活在朝气蓬勃和真诚友善的社会氛围里。当全社会弘扬正气的大局已定，好的社会风气蔚然成风，那些迷惑人心、不利于社会长久发展的观点，也不会成气候。

如何对待社会上的文化乱象？

当社会需要大力发展文化的时候，难免良莠杂陈，泥沙俱下，在这个情势下，如何防止杂草丛生呢？

《黄帝内经》里有句话，叫"正气存内，邪不可干"。对于不好的文化现象，仅仅是批判解决不了问题。为什么呢？打个比方，如果一个人的身体特别健康强壮，即使有点感冒也能自愈，吃点凉的也不怕，吃点热的也不怕，因为正气足。可是如果我们自己的身体不健康，一点凉一点热也会受不了。因为身体缺少正气，就无法经受考验。

在社会上，我们看到的各种乌七八糟的文化乱象，就像庄稼地里的杂草。这个时候不要慌张，只要庄稼长起来，即便有点杂草也不太会影响收成。我小时候在农村种地，对此特别有体会。比如种玉米，在玉米几厘米高时就要除草，否则杂草丛生，玉米很难生长起来。当玉米齐腰高甚至比人还高的时候，中间长几棵杂草也不会冲击玉米的长势。

无论在任何时代，面对文化乱象，我们都要大力弘扬引人积极向上的文化，启发人的觉悟和智慧，培养人健全的人格，力争让每一个国民都有辨别力、判断力。当民众有了这个能力的时候，什么是好的，什么是不好的，什么该做，什么不该做，就都明白了，即便有一些混淆是非的声音，老百姓也会有辨别能力。当然，这个过程不仅需要政府的努力，还需要全社会和每一个人的努力。对于个别的、顽固的、极端的、危害社会安全的文化传播方式，要通过法律的方式来解决。

只有拥有了正知正见以后，才能培养一个自强不息的人，一个通达的人，一个正直的人，一个圆融的人，一个清净的人，一个做事周到的人，一个能尽本分的人，一个心胸宽广的人，一个慈悲的人。在正知正见的熏陶之下，遇到事情，人才能拿捏分寸、判断是非，该做什么，不该做什么都很清楚，这也是我们从事文化传播的目的。

当前我们如何弘扬中华文化？

弘扬中华文化，是一项系统工程，社会各方都要努力，才能出现文化繁荣的局面。

从国家的层面看，要在战略上认识到中华文化是国脉的根基。不仅经济是社会的基础，文化作为一个民族的灵魂，也是构建这个国家的基础。大力发展文化事业，一定要体现为国家行为。比如，在国民教育体系里，如何选择适合小学、中学、大学每一个阶段的文化内容。要让每一个在国民教育体系里的年轻人都能学到中华文化的经典。

从社会层面上说，全社会都要形成共识：我们之所以是中国人，就在于中华文化的滋养和渗透，正是在共同文化的浸润下，我们的民族形成了独特的智慧和价值观，大力弘扬和发展中华文化，就是爱护我们共有的精神家园。

从个人层面来讲，除了把现实政策领会透之外，就是要多读经典，最好是读流传了几百几千年的书，它们经过了历史的检验，凝聚了人类智慧的精华，从中吸取营养可谓成长的捷径。如果读不懂，可以找一些水平高的人"带着"我们读，比如读南怀瑾先生的书。还可以听一些高水平的课，之后我们再逐渐深入地学习中华经典。在学习中华经典的时候，要知行合一，结合现实生活并领会其中的智慧，并要运用在当下。

任何文化形态，脱离人民群众的结果，就是萎缩凋零。中华文化如果真的要想生根发芽，一定要走向民间，一个不能让老百姓听得懂的文化，势必会走向死亡。

中华文化真正显现作用之处，是在平常百姓待人接物、为人处世的生活细节里。当我们生活的每一个角落里都充满着中华文化的气息时，这个文化才算是真正扎下根来。

中华文化的脉络与结构是什么？

从历史传说的角度来说，《易经》大概有七千到九千年的历史，它是中华文化的源头。后来从尧、舜、禹时代开始，到夏、商、周，人们把那个时代的文献和智慧辑录下来结的集，叫《尚书》。可以说，《尚书》是我们理解上古时期社会状态的重要文献，也是我们领悟中国古代智慧的窗口。

到了春秋战国时期，社会出现了严重问题，于是各种学说竞相产生，可以说，儒家、道家、墨家、法家等，无不是从自己的角度思考社会问题的根源，并提出解决问题的办法。对此，我们要有审视和评判的智慧：究竟什么文化形态是在病态社会中出现的、只适合特定的历史环境；什么文化形态是中道圆融的，适合常态的社会，如此等等，都需要我们深入思考。

孔子的理想，是建立天下大同的社会。任何一个国家、任何一个时代要想国泰民安、秩序井然，孔子的智慧是非常重要的资源，这就是儒家的价值。到了汉武帝的时候，政治统一，社会稳定，罢黜百家，独尊儒术，就成了时代所需。

汉明帝的时候，汉明帝夜梦金人，下令学习西方的圣人——佛教开始正式传入。自汉明帝以后，中华文化经过一段时间的激荡，形成了三大家——儒家、道家、佛家共生共荣的状态。儒、释、道三家，学说虽有所不同，但都是要启发人心之中积极向上的力量——道心，这是他们的共同之处。可以说魏晋以来，中国传统文化的基本结构就是儒、释、道三家互相吸纳、碰撞而生成的。

到了宋代，儒家知识分子深感发展儒家文化的急迫，在融汇各家的基础上，创造了儒学的新形态：理学和心学。理学的代表是朱熹，心学的代表是宋代的陆九渊和明代的王阳明。

明清之际，统治者收紧思想，推行文字狱，窒息社会活力，再加上曾经的知识分子空谈心性，这个时候考据之学大兴。

近代以来，马克思主义思想注入中华文化的大河，带来了新的生机。中华文化也出现了新儒家学派。未来的中华文化，经过各种激荡之后，必然会有新的面貌和状态，这需要在历史的大河中做出回答。

我们为什么要注意话语背后的价值立场？

每一个观点的背后，都有它的价值立场，都有它隐秘的出发点，这是我们分析多元文化背后的一把钥匙。一句话，我们要善于分析和总结一个人观点背后的价值取向。

比如，在批评社会现实时，有的人是为了发现问题、解决问题让国家更好，这种价值导向就是爱国。有的人站在外国的立场上批评中国，只为了引导听众怨恨自己的国家、背叛自己的国家，这就是价值立场上出了问题。即便是有爱全人类的胸怀，爱自己的国家也是前提和基础。再比如，有的人批评中医是为了发展中医，这是站在爱护中医、为中医负责的立场上发表看法。而有的人，批评中医就是为了彻底否定中医的价值和合理性，这种观点就非常值得警惕。

一个国家的文化，无论怎么多元，都应该有共同的价值立场和出发点。只有这样，才能维护国家的统一和民族团结。我们发自内心地认同是中华民族一员，真诚地爱自己的国家和人民，认同中华文化的重要性和智慧，这是看问题的根本。有了这个基础，无论是肯定国家以增加自信，还是批评现实以让国家更美好，都是百花齐放的组成部分，都有益于国家发展。但如果骨子里面都看不起自己的国家和民族，内心深处以其他国家的做法和文化当作所谓的标准，情绪的宣泄多于建设性的努力，恐怕就需要反省。

任何一个伟大的民族，都绝不会亦步亦趋地模仿别人，孔子说"君子和而不同"，是说我们要学其他国家好的做法，但绝不是照搬，而是学习吸收之后进化出更高的文明，这才是伟大民族的气魄。世界没有终点，也没有放之四海而皆准的教科书，不断反思，不断学习，勇于创新，不断与时俱进，这才是文明进步之道。

为什么传承国学需要众志成城？

这几年在推广和传播中华文化的过程中，有很多让人欣慰的地方，但值得注意的地方也非常多。孔子说"人能弘道，非道弘人"，弘扬中华文化的人和团队是什么素质，也决定了这个事业能走多远。

文化真正的意义在于内化，在于熏染，在于真正提高自己的智慧和德性，再由内而显于外。但在现实中很多学中华文化的人，并没有按照中华文化的智慧要求自己、完善自己。比如，有的人骄傲自满，自以为高人一等；有的人内心虚荣，端着架子、装着样子给人看；有的人只是注重表面的功夫，但根性深处的自私和"我执"仍然很强烈，一旦不符合自己的想法就马上脸色阴沉；有的人容不得别人批评，无法做到闻过则喜等。客观地说，我们人人都有各种问题，有问题不怕，怕的是不知道反省，不接受批评。

传承和弘扬中华文化的事业，需要千千万万有志之士的努力。提高一个人的德性和能力，光靠读书是不够的，更需要在现实中去践行，在做事情的过程中不断反思和改进。只有大家都能有超越小我的胸怀，发自内心地将传承文脉当作毕生的使命，面对不同看法，能够海纳百川，真诚地欢迎批评，勇于自我反省，团结大家，成全大家，才能真正做成事。

我们任何人，切不要以为学了传统文化就很优秀了。我个人的体会恰恰相反：正因为学了中华文化，我才觉得自己的修为很差，德行很不够，缺点多多，所以常怀有自我反省和忏悔的心，觉得自己学得很不够，做得更不够。

正因为如此，我们在做事的时候要时常反省，一旦发现问题，立刻调整，而且要建立一套好的制度，确保有问题马上能发现，不可积累矛盾。弘扬中华文化的同仁之间，也要开诚布公，以诚相待，有问题就要说，大家闻过则喜，有则改之，无则加勉，只有这样，文化传播的事业才能生机勃勃。

为什么我们要向劳动者致敬？

五一劳动节，我们应该向所有的劳动者致敬。所有人生的财富，所有社会的荣耀，都是劳动创造的，一个人的素质多高，也只有在劳动中才能证明。有父母的劳动，才有家庭的殷实；有人民的劳动，才有国家的富强；有自己的劳动，才有人生的未来。向所有劳动在各行各业战线上的劳动者致敬！劳动者是最可爱、最可敬的人！

可现实中，当很多人对娱乐明星疯狂追捧的时候，当无数家长希望孩子成为明星的时候，我们是否还会敬重无数普通的劳动者？我们吃的饭，穿的衣，楼道的清洁，生活垃圾的运输，等等，哪一个不是普通劳动者的奉献？

只有尊重普通的劳动者，尊重每一个通过劳动服务社会的人，才会形成一个正气浩然的社会。

五四寄语——如何做新时代的中国青年？

青年兴，则国兴。如果我们想知道一个国家的未来，那就请看这个国家的青年，青年的状态，就是一个国家未来的缩影。

我们呼唤中华民族的伟大复兴，那就要从培养新时代优秀的中国青年开始。

新时代的中国青年，首先是有理想和使命的一代。志不立，天下无可成之事。试想：一个浑浑噩噩、无所事事的人，一个无病呻吟、忧谗畏讥的人，怎么可能肩负起民族复兴的重任？这个志，就要把个人的理想和国家的需要结合起来，在为人民服务的过程中，服务社会，成就自我。一滴水，只有融入大海，才能永不干涸；一个人，只有融入为人民服务的海洋，才能获得永恒。

新时代的中国青年，应该用两只脚立在大地上，这两只脚就是德行和智慧，这样才能获得更好的发展，才能不惧风雨的洗礼和考验。德行是人生的地基，有坚实的地基，才能盖起人生的高楼；智慧是看穿纷纭的慧眼，只有用慧眼观潮，才能在潮起潮落的人生中，淡定从容。

新时代的中国青年，应该有接受各种考验的自觉。"天将降大任于斯人也，必先苦其心志，劳其筋骨，饿其体肤，空乏其身，行拂乱其所为，所以动心忍性，曾益其所不能。"只有经历这个过程，才能提高自身的能力。面对困难，要愈挫愈勇；面对顺境，要谦卑谨慎；面对奋斗的艰辛，要懂得水到渠成；面对平凡，要懂得在点点滴滴的奋斗中写满人生的意义。每一个经历，都是考验，每一个坎坷，都是修行，不经历风雨，怎么见彩虹？没有人能随随便便成功。

新时代的中国青年，要懂得站定中国人的立场，深切地爱民族的文化，爱自己的国家，爱自己的人民。在根植中华文化的沃土中面向世界，在兼收并蓄的同时以我为主，在力所能及建设美丽中国的过程中，实现自我。不妄自尊大，不妄自菲薄，做一个堂堂正正的大写的中国人。

中国青年决定了中国的未来。中国青年，要永远扎根于人民中间，用青春的风帆，书写中国青年的未来和青年中国的前程。

为什么说冬至"一阳来复"？

在地球围绕太阳公转的过程中，中国先人非常敏锐地观察到了其中的规律，这就是中国的二十四节气。

冬至就是中国先人对地球围绕太阳运行状态的一种观察，此时太阳直射南回归线后直射点开始北移。《易经》根据冬至这一天的状态，创造了一个卦象，就是复卦。复卦的上卦是地，三个阴爻；下卦是雷，一个阳爻的上面有两个阴爻。地、雷两个卦合在一起，就是一个阳爻上面有五个阴爻。这个卦象告诉我们：复卦看似一片阴象，但最下面是一个阳爻，说明从最终发展趋势看是一阳来复，阳光总在风雨后，乌云上头有晴空。通过这个卦象，我们要明白，冬天到了，春天还会远吗？

这个状态，《易经》又称之为"一阳来复"，是说事物运行到低点之后，就会有一个向上的反弹。这个道理对于人类疾病的治疗也大有裨益。如果一个重症病人，懂得这个道理，然后自觉启用"一阳来复"的能力，也许就能把握转机，治愈疾病。

为什么要学会敬畏与感恩？

我曾参加在山东泰安举办的海峡两岸敬天祈福大会，非常有收获，也进行了若干思考。

我们为什么敬天？这里的天，不仅是大自然，也包括了历代滋养和护佑中华民族的圣贤、大德、英雄烈士等志士仁人，正是他们的智慧和德行养育了中华儿女，正是他们曾经的壮举护佑了中华民族的休养生息，必须对他们表示由衷的感恩。孔子说："慎终追远，民德归厚。"这样庄严的活动，能追忆和学习民族优秀文化，感恩和学习先贤以教化社会，是很有意义的。反之，一个割裂历史、不懂感恩的民族，必不会有辉煌的未来。

在论坛期间，山东省政协的原副主席参会，并向我提出了一个问题："既然中华文化很博大，为何我们近代落一个落后挨打的命运？"我想这不仅仅是他的疑问，也是很多人的疑问。其实，中国近代落后的原因，并不简单的是什么中华文化落后等谬见，而是我们在近代背离中华文化真正的大智慧之后出现的必然结局。

在中华文化的内核中，有海纳百川的学习精神，有日新月异、三省吾身的反思和创新精神，可是满清入关以后，大搞文字狱，推行闭关锁国，结果严重地背弃中华文化的大智慧，最终导致落后挨打，进退失据。因此，我们要从近代落后的教训里面痛定思痛，真正恢复和学习中华文化生机勃勃的大智慧，在这个基础上，海纳百川，以我为主，不断反省，勇于创新，再创中华民族的荣耀与辉煌。

我们所做的就是重构民族的文化自信，并清理附着在中华文化肌体上的污垢，用中华文化最鲜活的内核复兴中国，继承并发扬中国传统文化，造福人类。

浴佛节有什么样的启示？

四月初八是浴佛节，是纪念释迦牟尼诞辰的日子。释迦是一个民族，牟尼是圣人的意思，释迦牟尼的意思就是从释迦族走出的圣人。这位圣人，究竟带给我们什么样的智慧呢？

对于我们生活的世界，释迦牟尼认为是生灭法，一切事物都在变动之中，如梦幻泡影。对于其中的运行规则，认为是因果相续，有因有果。对于宇宙和人生的真相，佛法认为世界万象只是真相的显现，人们要用智慧透过变化万千的现象领悟宇宙和人生的真相。

在如何透悟宇宙、人生真相的问题上，佛陀并不是让人们躲避于山林，而是在为社会服务，为众生服务的过程中，实现彻底的觉悟。

人生时光，如白驹过隙，尽管我们都有各自的缺点，但也应该在乱云飞渡中找到人生的方向，通过力所能及的努力，争取做一点对社会和大众有益的事。向伟大的智者致敬。正是有了智者的智慧之光，人类才能摆脱蒙昧，走向觉悟之路。

腊八节施粥有什么含意？

关于腊八节的传闻很多，但关于这一天施粥的民俗，与释迦牟尼的修证有关。

据传释迦牟尼在追求觉悟的过程中，经历无数的艰辛和实证。他曾经在雪山禅坐七年，而后觉得这不是实现最终觉悟的道路。于是走出雪山，在恒河洗干净身体，准备恢复体力，继续修证。这个时候，由于太过疲惫，晕倒在河边。在河边牧羊的姑娘看到了一个人晕倒在河边，于是用羊奶煮粥给佛陀喝。羊奶粥的营养使释迦牟尼恢复了体力。他非常感恩牧羊女孩，彻下决心证悟人生和宇宙的究竟。于是在菩提树下打坐，参悟人生真理。经过七日七夜，在原来修行的基础上，他终于彻底觉悟。这一天被称作"成道日"，人们为了纪念牧羊女以粥供养佛陀，于是在这一天喝粥就成了广为人知的民俗。

通过这个传说，我们应该有几个领悟：一是与人为善，在别人困难的时候，能进行力所能及的帮助。我们应该学习牧羊女，对需要帮助的人伸出援助之手。二是我们要有感恩之心，对于任何形式的帮助真诚感恩。三是我们要有向历史上所有的觉悟者致敬的心，正是他们的智慧传播，推动了人类文明的车轮。

端午节有什么深刻的含义？

端午节是纪念中国历史上忧国忧民的屈原先生的节日。

屈原作为战国时楚国的王室成员，不仅对楚国政权的衰落有极度的担忧，而且对民众的疾苦，同样是念兹在兹。他的拳拳之心，就是"长太息以掩涕兮，哀民生之多艰"。无论历史经过多少变迁，这种对国家对人民的深切牵念，永远有其价值。在忧国忧民方面，屈原可谓是历史和文化上的典范。

在我们的历史上，有很多文化典范，比如孔子、老子等；有很多大英雄的典范，如刘邦、李世民等；有很多知识分子的典范，如苏轼、王阳明等；有很多大将军的典范，如岳飞、戚继光等，这些典范构成了中华文化史乃至人类文明史的路标与丰碑，是我们时时回望、不断咀嚼以汲取前行力量的文化源泉。

无论是读书，还是以史为鉴，我们都要多从典范那里体悟和总结，因为这些都是历史风云大浪淘沙之后人类文明史的最宝贵财富。

屈原是我们永远需要学习的榜样。无论历史怎么变迁，都需要那种为了国家富强、人民幸福而置生死于度外的人。正是这种精神，凝练成了国家的铮铮铁骨，历经风雨，永远矗立不倒。

向屈原先生致敬！向中华历史上所有的丰碑和路标致敬！

过小年有什么样的启示？

在传统的节日中，北方人把腊月二十三这一天定为小年，南方人则把腊月二十四视为小年，人们一般的做法，是在这一天祭祀灶君，因为在传说中，灶君菩萨在这一天上天宫汇报一年的所见所闻。人们为了消灾祈福，于是给灶君菩萨供养糖块和水果，希望灶君菩萨上天言好事，下界降吉祥。这当然反映了人们追求美好生活的愿望，实际上人们的祸福吉凶不在于灶君菩萨如何汇报给天庭，而在于自己如何做人做事。

作为一个节日，人们以美好的心愿祭祀灶君菩萨当然可以理解，但我们所要明白的是人生的祸福吉凶,重要的在于自己种什么"因",收什么"果"。如果一个人与人为善,乐善好施,心胸宽广,自然吉祥多多;反之,如果一个人自私自利,贪赃枉法,还希望灶君菩萨为他隐藏罪恶,就没有吉祥而只有灾难了。古语云:聪明正直者,去世后才有资格做神。不仅是灶君菩萨,任何一个被人们祭祀的神明,都有浩然正气,都刚正不阿、积善成德,他们会因为收一点小礼而助纣为虐吗?绝对不会!因此平时多检点,多反思,做一个利国利民的好人,才是幸福吉祥之道。

春节赋予我们什么样的含义?

我的老家在山东莘县的农村,在童年的记忆里,春节是一年中最幸福的期待。在小孩子掰手算日子的憧憬中,春节一步步临近。

回忆曾经的春节,我喜欢在除夕的下午去老家的田野,脚踩着没有返青的麦苗,看见田间的大道两边,种着挺拔的两排杨树;冬风凛冽,只有光秃秃的树枝在风中摇曳,偶尔有几只鸟儿停落在树枝上。

一面是村中的热闹,伴随炊烟袅袅的还有不时的鞭炮声、孩子的玩闹声;另一面是无边的空寂,大地未曾复苏,除了寒风的吹拂和间或小鸟的飞过,时间和空间仿佛凝固了。我走在静寂的田野里,望着热闹的村庄,似乎忘记了当天就是除夕。正是这种冷寂,可以让我在远处旁观尘世的热闹,做一个可以安静思考的旁观者。几十年过去了,曾经的青春远去,在时光的流逝中,这些人生的点滴成了永远的回忆。

春节,是辞旧迎新的日子,告别过去,迎接新的一年,在时间节点上,会有很多的感恩、祝福和启示。

感恩这个世界上那么多的奉献者和坚守者,是他们给我们安宁和祥和;感恩养育我们的父母,是他们的辛苦养育才有我们的今天;感恩我们的圣贤，是他们的智慧，让我们点亮一盏盏心灯；感恩我们的领导、同事和朋友，是他们的帮助，才有我们工作的顺利。

我们祝福每一个家庭都能和谐美满，吉祥如意，健康快乐。

如果说要提醒，我希望每一个人都能懂得珍惜平凡的幸福：在这个世界上，很多人也许吃一口饭都会很难，很多人看不到温暖的阳光，很多人看不到时间的精彩，很多人无法正常行走，很多人没有温馨的家……所以，我们应带着同情和感恩看世界，愿天下的人幸福，放下心中的小计较和不满足，珍惜当下的幸福，珍惜安稳的生活，珍惜自己的父母和家人，珍惜自己的工作，好好努力，做好自己的本分，以自己的努力，争取不辜负一生。

一年四季给我们什么启示？

春天来了，春风暖暖，万物蠢蠢欲动，这就会造"业"和种"因"。

夏天烈日炎炎，植物枝繁叶茂，业报逐渐成熟。

秋天是丰收的季节，也是因果兑现的时刻。曾经种什么因，必收什么果。可正是在丰收的时候，刮起了瑟瑟秋风，落叶飘零的时候也到了。

冬天，大雪纷飞，洋洋洒洒，大地的一切都变得洁白。曾经的春意盎然，枝繁叶茂，硕果累累，都如同幻境，都归于虚无。

大家再看《红楼梦》的结局，为什么贾宝玉在雪花飘零的时候出家？为什么人要在红尘散去的时候，才领悟生命的意义，远离梦幻泡影，去追求"不生不灭、不垢不净、不增不减"的永恒世界？当人们在繁华簇拥中入戏的时候，谁看到了雪花飞舞下的一片洁白？

可惜，很多人入戏太深，忘记了前行的路。

人生也有春夏秋冬。

在春天，万物生发，我们珍惜年华，为经得起历史检验的理想而奋斗。

在夏天，我们利用一切机会学习，海纳百川，不断成长与提升。

在秋天，我们收获人生的丰收，也将奋斗的果实与大家分享。

在冬天，一切都归于沉寂的时候，为后世子孙留一点贡献，不辜负一生。

全世界的不同文明如何和平相处？

西方社会屡屡发生暴恐，世界皆惊，我们在谴责暴力恐怖的时候，也要深刻反思其中的原因。如果仅仅是严厉的指责，仅仅是深切的同情和痛惜，而没有深刻的反省和追问，那么，冤冤相报，靠打压和暴力，能够实现人间的和平吗？能够消除人们心中的仇恨吗？

由于文化背景的原因，美国和一些欧洲国家一直以"我是上帝的选民"而自负，对中东、非洲等一些国家指三道四，甚至公然动用武力推翻其政权，结果不仅没有给这些国家的人民带来什么福祉，反而带来了战乱、冲突和动荡。卡扎菲在被处决的时候，曾经大呼："把利比亚打倒，就推倒了极端势力走向欧洲的防火墙。"结果，一言成谶。从历史上看，西方与中东的冲突有很深的渊源，近代以来，西方社会一直带着敌视的态度看待中东。当美国推翻伊拉克等国的政权时，极端势力得到空前的发展，而且这些力量有他们自身的信仰支撑，甚至都不惧怕死亡。其中的是是非非，值得我们深刻反省。

我们看人类的几千年历史，很多时候是打打杀杀的重复，是欺凌和受辱的轮回，对抗没有出路，打压也没有给人类一个好的未来。到底不同文化、不同宗教、不同民族之间，如何和平相处？这是摆在人类社会面前的大问题。

中华民族在长期多民族融合中所形成的亲仁善邻、和而不同、"道并行而不悖，万物并育而不相害"等理念，包含了不同文化和民族相处的伟大智慧。不同文化的"道"和"道"之间，可以平和地相处，不同民族和文化形态，都可以很好地共存在地球上，而不是一定要打压和欺负别人。不同文明、不同民族，各自有各自的优点，可以互相学习、包容、尊重和欣赏。

全世界的不同文明，一定要走出以自我为中心的狂妄，要尊重不同文化的价值，真诚地和睦相处，互相学习，互相尊重，不要狂妄自大，不要用自己的标准去改造别人，不要企图从根本上颠覆其他民族的精神家园。愿人类能够从杀戮和血腥中吸取教训，诚恳地反思，走出一条不同文化和民族的包容和和平共处之路。

什么是女排精神？

女排的起步是在中国改革开放之初，那时百废待兴，急需一种精神凝聚民族的力量，能激发出中华民族的爆发力。女排就是这种精神的体现。

评价一个球队，要看她的精气神，无论取得了多大的成就，都知道明天的竞争更激烈，要保持清醒；而无论遭受了多大的挫折，都知道明天的太阳永远属于积极向上的人。

评价一个球队，要看她的奋斗和历练，只有平时扎扎实实地训练和成长，才能在最高的领奖台上看万众的鲜花和掌声。为女排喝彩！为伟大的民族精神喝彩！希望女排再接再厉，不骄不馁；中华民族必定复兴，我们每一个国民，都责无旁贷。

什么是女排精神？是历经苦难后奋发有为的精神，是经历考验、百折不挠的精神，是不忘初心、方得始终的精神，是凝聚国民、振兴中华的精神，是敢于担当、舍我其谁的精神，是绵延不息、薪火相传的精神，是不负众望、勇立潮头的精神。希望国家能够好好总结和宣传女排精神，希望女排能够保持清醒，不断前行而不辜负民族的期待。

任何一个球队，如果不激发内在的精神，而是寄希望外来的教练可以起死回生，是根本不可能的事。我们总是要"天行健，君子以自强不息"。

中华武术与现代搏击的对抗说明了什么？

看了太极老师和现代搏击老师打擂的视频，有人怀疑中国的武术是否还有格斗的价值，我觉得有几点需要思考：

第一，究竟什么是中国武术的精髓？武术有对抗和搏击的要求，也有哲学层面的要求。从竞技的角度讲，武术要能克敌制胜。从武德要求来看，武术绝不可恃强凌弱，欺凌他人。从哲学的角度讲，武术是更高层面的修身养性，是体悟天人一体的一种修行方式。

第二，不仅中国武术，任何一个武术形态，都一定要海纳百川，不断反思，面向世界，勇于学习。遇到更好的师者，就要踏踏实实地借鉴和提高自己。绝不可妄自尊大，更不可妄自菲薄，不要在意一时的得失，而要着眼于如何发展、提升中国武术各方面的内涵，从而日新月异。

第三，打擂对抗，需要精心准备。知己知彼，需要好好研究对手，需要不断在搏击中提高自己的应战能力。再好的武术，如果是纸上谈兵，空有把式，恐怕也只会自取其辱，还会让武术蒙羞。因此，就事论事，既然开展对抗了，就要知己知彼，就要下大力气训练，积累经验，还要把自己的体能、技巧和实战经验好好提高。只有这样，才有可能取胜。胜了不必嚣张，人外有人；败了心平气和，说明还需要不断学习。大家君子一战，以武会友，能更好地发展中国武学，造福人民大众。

第四，究竟谁能代表中国武术？任何一个练中国武术的人在格斗中失败了，并不说明中国武术的格斗能力不行。关键是这个人是否真正领悟了中国武术的精要，是否真正踏踏实实地真学真练。

中国武术，不仅有"术"和技能的层面，也有武"德"的层面，二者结合，才是中国武术的整体。

人类为什么需要多元包容的文化心态？

在一个文化和价值观多元的时代里，需要什么样的文化心态？

客观地看，任何一个伟大的思想体系，都有其合理性，都是对世界真相的某种认识。因此，凡是和其他文化形态可以兼容的文化，往往是理性的文化；反之，唯我独尊，强调对立，否定其他文化价值的文化形态，不仅内容狭隘偏激，而且会引发多元文化之间的冲突，实则是人类文明的祸患。

在文化的包容性问题上，中华文化是人类文明史上的典范。

比如儒家的思想，孔子主张"三人行，必有我师"，"君子和而不同，吾日三省吾身"。这实际上是主张不同文化形态之间的尊重、包容和相互学习，在当今多元文化并立的时代，格外有价值。

比如道家的思想，庄子的《秋水》中，河伯一路随大河流到大海，怅然若失，明白了海纳百川的道理。道家反对囿于自我的狭隘，主张不断地超越和学习，这也是文化包容性的体现。

再比如佛家的思想。在《金刚经》中，释迦牟尼说："一切圣贤，皆以无为法而有所区别。"佛家认为世界上一切圣贤，都是主张人们不要贪欲过度，要不断地净化心灵，不要妄为。因此，佛家称赞那些弘扬无为法的人皆大善知识，无门户之见，这是了不起的胸怀。

在全球化时代，如果一种文化只看到自己的优点，不能肯定其他文化的合理性，结果势必引发不同文化的冲突。美国有一位学者叫亨廷顿，提出人类的战争实际上是不同文化引起的，比如伊斯兰文化与基督教文化冲突等，这是非常值得重视的认知。事实上，人类不同文化形态之间互相尊重、包容和学习，才是人间正道。

如果某些思想形态教给我们的不是海纳百川、兼收并蓄、虚怀若谷，而是自以为是、刚愎自用，那么这种狭隘的文化观不仅容易引发文化之间的冲突，也容易让人变得自私和狭隘。

明白了这个道理，我们会更加爱护自己的文化传统，体认中华文化所提倡的"三人行，必有我师"的价值。在经济全球化时代，不同文化形态互相学习、互相尊重和包容，这样才有人类的和平和繁荣。

我们维护中华文化的主体性，大力发展中华文化；同时也要海纳百川，吸纳一切优秀的文化智慧为我所用，这才是大中华的气魄和胸襟。

为什么多元文化需要和而不同？

孔子说："君子和而不同，小人同而不和。"君子遇到不同的看法，会非常包容：一是互相尊重，二是互相学习，并在这个基础上，升华和完善自己。而小人则不然，党同伐异，容不下不同的看法和观点。

中国学术文化的道路，应该秉奉孔子提倡的和而不同。面对西方和其他民族的学术文化，善于学习和融汇，并在这个基础上提升整个人类文明的水平和质量。那种面对西方的文化创造，亦步亦趋，甚至视其为真理化身的看法，有失偏颇。人类的文化永远在进化和变革之中，西方的东西也不过是一种在具体环境下的思考而已，我们应该有再创文明的信心。

和而不同，也应该成为全球化时代多元文化的相处之道，互相尊重，互相包容，互相学习，在不同文化的交流和碰撞中实现人类文明的提升和发展。如果某些国家依仗自身的实力打压其他文化，制造种种冲突和战争，更从反面证明了孔子的和而不同智慧的重要性。

如果想要以中华文化中的好理念造福世界，还需要我们自己争气，好好发展自己，在任何挑战面前屹立不倒，才能以自己的发展和博大的智慧影响更多的国家。

"一带一路"背后有什么样的中国智慧和中国方案?

"一带一路"国际合作高峰论坛在中国定期举办,全世界瞩目。"一带一路"的伟大,不仅为中国和世界提供了一个长久发展的合作平台,更重要的是它为全世界提供了一种新的人文理念。国与国之间,不要像西方国家那样奉行零和游戏、你争我夺的理念,更要坚决摒弃历史上西方列强所奉行的弱肉强食、霸权主义的自我中心主义,而要高举中华文化提出的互利共赢旗帜,主张互相尊重、互相理解、互相帮助、互相宽容。

大家生活在一个地球上,只有遵循中华文化所提倡的"万物并育而不相害,道并行而不相悖"的理念,人类才有未来和希望。"一带一路"不仅是中国为全世界提出的互利共赢的经济合作项目,更是为全人类在经济全球化时代如何交往,提供了中国智慧和中国方案。中华文化正以自己的智慧成为人类文明的引领者和规则制定者,值得肯定。正因为如此,我们更要好好治理自己的国家,让我们的国家更加文明,更加公正透明,社会更加积极向上,人民生活更加幸福,只有这样,我们才能为全人类提供治理典范。如《大学》所说的"明明德于天下"。中华民族,加油!青年一代,更要发愤图强!

为什么说中医的思维和视角值得世界借鉴?

针对社会上有一些对中医的误解和偏见,有必要以正视听。

中华民族作为人类历史上文化未曾中断的经典案例,在人类的文明史上极为罕见。在几千年的历史延续中,中华民族经历了数不清的瘟疫和流行病,中国人之所以能够走到现在,中医对于中华民族的贡献绝不容否定。可以说,没有中医,就没有中华民族的今天。另外,无论是对亚洲的医学，还是对亚非拉地区的流行疾病如疟疾等，中医都贡献了伟大的智慧，起到了巨大作用。现在西方国家出现的对中医的肯定，也从侧面上证明中医的理念得到越来越多的认可和肯定。

从医学形态的特殊性看，中医无论是在生理、病理学，还是治疗体系上，都有自己独立系统的认知，有自己的一套严密的思维方式、治疗方式和哲学基础。客观地说，中西医各有价值，是人类都应该重视的文化财富。当前有人以中医存在问题为由，否定中医的合理性，实际上很幼稚。任何医学在不断发展过程中，都会有各种问题。西医的抗生素问题、抗治疗方法等，也可谓问题多多。但我们不能因为一些问题就全盘否定其价值。真正有远见的医学家，一定会走不同医学互相学习和借鉴的道路，而不是非此即彼，相反，应该用其所长。

现代医学过于注重细枝末节，已经引发了大量需要关注的问题。有的医生，只能够看消化系统的毛病，有的只能看呼吸系统的毛病，实际上整个人类的身体各系统如消化系统、呼吸系统、循环系统等，根本就是一个有机的整体，这种脱离整体的细化分支，违背了人类身体的整体性。所以，中医的整体观和辩证观，对于医学今后的发展具有指导意义。阅读《黄帝内经》时，我们会发现中国的先哲不仅把人类的身体——心、肝、脾、肺、肾等各个系统看作一个整体，而且把人和宇宙看作一个整体，把人的心态、居住环境、情绪和身体健康看作一个整体，这种思维和看问题的角度，值得尊重和学习。

为什么很多人到处套用西方学术框架？

近代以来，中国学术界存在一个值得注意的大问题，那就是把只适用于西方的某些理论体系和学科标准视为绝对的"真理"，凡是不符合西方学术框架的，就打上落后和不科学的标签。这是学术文化上的迷信和盲从，必须加以改正。每一个伟大的医学，都有自己的理论模式，医学的发展在于不同理论模式之间的学习和交流，而不是拿着某一个理论范式打压其他的医学形态。

当前社会上，经常有人拿着所谓科学的幌子批评中医。须知任何学科，其之所以是真理，不在于闭门造车的论证，而在于千百万次的验证。中国医学的理论和实践，积累了几千年，有极大的可靠性。而所谓的现代医学，有些药品，只有二百年乃至只有几十年的时间，论实证，难道就比几千年的中医更可靠吗？近几年以来，很多现代西药的副作用已经显现，甚至成为禁药。用这种很不成熟的所谓西医模式指责实践了几千年的中国医学，是不严谨的。一句话，对医学最大的检验是千百年来人类治疗疾病的实践，而不是简单的在实验室里面的动物实验数据。

朱清时院士曾在北京中医药大学做了一个关于中医真气的讲座，引来了相当多的关注和批评。我认为，真理就要好好讨论，欢迎讨论。大家在审慎讨论的过程中，不要逞口舌之快，更不要意气用事，也不要预设立场，而是带着求真的态度思考交流，在这个基础上不断地探索真理，印证真理。

朱院士能够用自己的身体做实验，验证中医的说法，这本身就是科学实证的精神。至于是否赞同他的看法，可以各抒己见，拿出证据，那种用攻击性言论恶语相加的做法，既违背了讨论问题的原则，又背离了科学的实证精神。多一分对不同学说的宽容，支持不同的人用不同的路径探索真理，这样才更利于文化的发展与科学的进步。

我们要有勇气正视自身医学存在的问题，在历史成就的基础上加以整理、继承、挖掘和发展。

作为中华民族的子孙，批评和挖苦列祖列宗创造的伟大医学，并非光荣的事，相反这是败家子儿才有的心态。正确的态度是带着感恩的心情，向先人表示敬意，在深入继承前人文化的基础上，结合今天的实际，反思其中的问题，海纳百川，把自身的文化推向前进。简言之，先人在他们那个时代完成了他们的创造和使命，我们在新的时代，也要责无旁贷地完成我们的使命，而绝不是数典忘祖。

继承中医的博大智慧，直面和解决中医存在的问题，在新的时代发展中医，造福人民的健康，使之发扬光大，这是我们的责任。

中华民族真的缺少信仰吗？

在一个国家的文化体系中，最厚重的内核是信仰。中华民族有着全世界最有启蒙精神和觉悟特质的信仰系统，无论是儒家、道家、佛家等信仰，都是主张命自我立，福自己求，不断地自我净化、自强不息，自己掌握自己的命运。有人说中国人没有信仰，这既是对中华文化的无知，更是套用西方一神教信仰模式来评价中国社会的一种偏见。

关于信仰，不要把西方的某些具体的信仰模式当作信仰的标准，一神教不过是信仰的一种具体表现而已。信仰的实质是回应人们安身立命的问题，是回答人们的终极命运和生命支撑点问题，中华文化在这方面有着极为深刻的回答。

究竟人生终极的支撑点是什么？不同的人做出了不同的回答，也就产生了不同的信仰模式。与其他族群的模式相比，中华文化认为人类终极的命运在自己的努力，人类的拯救和升华，在于人类自己的觉悟和自强不息。所以，中华文化的信仰模式，最强调人类的主体性，而不是依赖人类之外的神秘力量。那么，人类怎样才能自己把握自己的命运和人生呢？那就需要领会"大道"。儒释道的修行，无不是引导人们消除领悟大道的障碍，进而与大道融为一体。

孔子说："朝闻道，夕死可矣。"这实际上体现了中华民族的价值观绝非金钱至上，更不是蝇营狗苟地只看重利益，而是把道义视为最高追求。当人生有比钱和利益更高远的追求时，一个人就能够看淡很多东西，让自己的心灵得到滋养和依靠，追求真正有意义的人生。从某种意义上说，心灵的感受比物质的满足更加厚重绵远。因为，丢失了精神家园的人，心灵势必会漂泊不定。

在建设精神家园的问题上，我们必须清楚每一个民族都有自己安心的方式，都有自己独特的精神家园。儒释道的文化中，都有非常好的安心方式。可是当大家去寺庙、孔庙等文化景观参访的时候，有些地方会有很高的收费，这应该引起我们的反思：如果一个社会把人们的信仰需求当作牟利的工具，这个社会的远见和未来又在哪里？

因此，我们切不可利用人们的信仰来赚钱，孔庙、道观、寺院等，应该力所能及地向群众敞开，让群众在这里感受中华文化的绵延和博大，感受静谧的心灵带来的力量。

说中华民族缺少信仰的观点，是一种无知、傲慢和偏见。中华民族有自己的信仰模式，我们认识到了人生终极的支撑在于自己，而不是迷信外部的力量，可谓人类文明的觉醒之光。

为什么说中华文化是内在的觉悟，西方的文化是外在的"拯救"？

英国哲学家怀特海曾经指出，两千多年的西方哲学史不过是柏拉图的注脚，这侧面证明了柏拉图在西方思想史上的地位。柏拉图有一个思想，他认为现实世界的东西不过是理念世界的影子，是来自对"理念"世界的模仿。也就是说，所有现在我看到的世界只是个表象，这个世界是从理念那里来的,是对理念世界的模仿。

古希腊的文化,实际上为基督教产生和发展准备了条件。大家试想:如果把"理念"换成上帝的话,那么,西方人很自然地认为现实世界的一切都来自上帝。可以说柏拉图的思想为基督教成为西方文化的一个主流宗教埋下了伏笔,或者说西方哲学隐伏了向外在力量寻求拯救的内在因子。

我们中国的文化则不是这样,儒家讲"人人皆可为尧舜"。因为人性里边有积极向上的力量,大家都有向善的种子,如果我们把这个种子给找到了,所有人都可以成为圣人。佛教说了,人人皆可以成佛。为什么呢?因为大家都有佛性,只要证悟佛性了,所有人都可以成佛。

与西方的宗教相比,中华文化讲究的是内求,什么是内求?就是我们人生的觉悟是靠自己的内省,是自己要觉悟,而不是外在因素让我们觉悟。释迦牟尼佛说什么?他说一个人要了脱生死,要成为圣人,我可以把我修证的经验说给你听,我是怎么修证的,我是怎么找到道心的,是怎么成佛的。但这个人究竟是不是真正去做,取决于这个人的努力。因此,对于中华文化而言,尽管外部的力量也起作用,但只有自助才有天助,只有自助才有人助。

西方的文化和宗教与我们不同。西方认为有个造物主,这个造物主决定了整个世间所有的东西,人要想得到救赎、实现觉悟,只有跪在偶像的面前去祈祷,祈求自己能够获得救赎。这是中西方文化的一个根本区别,基本的表现为内求和外求。

西方文化的氛围无法升起命自我立、福自己求的力量,无法理解人的觉悟是自己的觉悟。从公元4世纪到公元16世纪,西方人被压了一千多年,这段历史被称作"黑暗的中世纪"。

到了16世纪前后,在地中海沿岸出现了文艺复兴。资本主义生产方式蓬勃发展,老百姓有钱了,为人性释放准备了物质基础。被基督教压了一千多年的西方人终于产生了一种力量冲破枷锁——文艺复兴打破了两个枷锁：一个是神权，一个是王权。

神权就是宗教，王权就是专制独裁。于是西方人喊出了自由和民主的口号。这个时候首先出现了文艺复兴，后来有了启蒙运动。启蒙运动探索出一套体现自由和民主的制度，就是三权分立制度。后来，美国、法国、英国等国家就把启蒙运动的理念变成了制度，经过历史的发展就衍生出了今天西方的制度模式。

这一套制度模式，既体现了历史的进步，又透露了一系列的问题。我们所要做的是在反思人类既有制度文明的前提下，创造更加优质的制度文明。

西方喊的自由和民主其本质是什么意思？它的自由又是什么自由？

文艺复兴又被称作"人性解放"。神权和王权两个枷锁把人性紧紧地捆住，一旦挣开枷锁以后，人性的潘多拉盒子一下子就打开了，在这个过程中人性里面所有的东西都解放出来了。好的方面是良心和理性的复苏，但另一方面，它也解放了人们无尽的欲望——被宗教捆绑了一千多年后，人们终于可以大声说，我就是一个凡人，我只要凡人的幸福就够了，谁也不要给我讲压抑欲望，我不喜欢！

由于它释放了人的贪欲，释放了人性之中恶的力量，所以西方社会越是强调自由、民主、平等，现实的各种规范和制度就越多，就越要强调法治。为什么？因为要用法治这个绳索把人的欲望给捆住，如果捆不住人的欲望，恶性的力量一旦释放出来，就会对社会造成重大的伤害。所以说西方的法治那么严密其实也是防范人性之恶的必然选择。

为什么说文化和信仰是一个社会终极的稳定剂？

有一个去印度的人，在感受印度的社会风情后，颇有感慨。那里有世界上密度最大的人群，存在种姓制度，贫富差距明显，但看似杂乱的背后，有一个无形的力量在维系着社会的秩序，在规范着人们的底线和操守，那就是信仰和文化。否则，在印度要实现社会的基本稳定，几乎断无可能。

他的感慨也促使我们进行了更多的思考。一个社会的秩序与和谐，除了法律之外，最大的力量是精神和信仰，正是信仰的力量，让人们心中有不可冲破的底线，自己约束自己的行为；正是信仰的力量，让人们愿意奉献，在奉献中培植自己的福报；正是信仰的力量，让人们不盲目仇富和嫉妒贤才，大家都能各安其本。

改革开放以来，中国社会取得了长足的进步，但一个民族最深厚的力量——精神家园建设如果忽视了，这个社会就面临着糜烂和堕落的危险。今天社会上的很多问题，看似是社会规范的问题，其实质都是文化、道德和信仰缺失带来的后果。无论是官员的腐败，还是社会上出现的假冒伪劣、坑蒙拐骗等，都与心中没有任何的约束和底线有关。在金钱和利益面前，可以轻易地撒谎与践踏规范，违背诚信。如果社会上把金钱和权力当作衡量人生价值的唯一标准，该是多么可怕的事。一个国家的希望，一个民族的力量，就在于有比金钱和权力更崇高的追求，那就是心中的信仰。

可喜的是，近几年我们的国家大力弘扬中国优秀传统文化，大力提倡中华民族传统美德，这是一个好的开始，但真正达到社会风气的整体性改变，还需要全社会的努力。

文化和信仰，是一个社会看不见的平衡力量。在文化和信仰的作用下，规范着无数的人该做什么、不该做什么，这是社会井然有序的重要保证。大力弘扬中国传统文化，刻不容缓。

为什么没有伟大的心灵世界，就不会有光辉的未来？

任何一个国家的长久发展，都要高度重视精神家园的建设和心灵世界的滋养。如果一个国家的人民把金钱和权力视为最高的追求，把当多大官、赚多少钱视为衡量人生价值的唯一标准，那么这个国家必然心浮气躁，社会风气必然糜烂和衰败。

从细节看，社会上很多不好的现象，都和文化建设密切相关。

比如"路怒族"——本来不过是一点小事故，结果双方大打出手，互不谦让，最终不可收拾。导致这种现象的出现有各种原因，其中很重要的就是当今的人们缺少养心的精神滋养，没有能让自己安心的信仰，必然心浮气躁，动不动就发火。

改革开放四十多年了，物质文明取得了很大的成就，这是有目共睹的事实；但是与之相适应的心灵建设必须加强，只有物质的建设和心灵的建设有机地配合起来，我们的发展才有持续的保障。当前，面对物质财富的积累，我们该有怎样的价值观，该如何看待金钱和财富，如何才能不忘初心，等等，都需要文化和教育做好回应。

我们必须爱护好自己的心灵世界，建设好中华民族的精神家园，维护好中华文化，这是我们不断发展的根脉，也是社会和谐的基础。

为什么说历史是我们进步的阶梯？

人类历史和社会的进步不是对于过去的模仿，更不是简单的重现，而是在反思的基础上吸纳历史的教训和遗产。

比如延安精神，我们不是把那个时代的做法直接拿过来套用，而是总结那个时代给予我们的启迪，进而思考我们今天有哪些问题，有哪些挑战，我们今天应该怎样以延安精神为依托，回应挑战。任何历史上的盛世，都是特定因缘的产物，如果我们抱着特定环境的具体做法不放，就一定会被历史所抛弃。

意大利的历史学家克罗齐曾经说："一切真历史都是当代史。"这意味着曾经发生的历史，都包含了今天我们需要吸取的教训和经验。比如，我们近代之所以落后挨打，最重要的原因在于我们是否认识了时代发展的大势？是否真正海纳百川、不断学习？是否居安思危保持清醒？正因为我们没有做到这些，才导致几千年的优势丧失殆尽，积贫积弱，灾难深重。如果不希望历史重演，就务必吸取教训，引以为戒。

历史虽然是曾经发生的事情，但其中蕴含的道理，却永远有它的价值。阅读历史，要读出其中的因果，反思其中的经验教训，要懂得吸纳历史经验教训，才能在今后发展得更好。

任何历史经验，都有今天的呈现方式。《易传》说："日新之谓盛德。"让形而上的"道"与形而下的社会发展有机结合，随着时代的变革，我们自觉地与时俱进，才是发展之道。

处在历史的漩涡中，人应该如何自处？

梁漱溟先生、冯友兰先生、周一良先生、汤一介先生等人在"文革"中遭遇人生遗憾，客观地说是大环境的原因，主观上也有一点值得反思的地方。在面对大环境时，每一个人如何自处，确实也折射了不同的人生境界和状态。

人生只有经历时代和环境的熔炉，才能得到锤炼和考验，"文革"对于人性和文化的历练，无论是梁漱溟先生的浩然之气，还是如某些先生所言的毕竟一书生，都非常值得我们反思：面对时代的风云激荡，我们到底应该怎样为人处世？面对人生的考验，我们该坚持什么？只有把这些东西写出来，才能给人思考和启迪。历史虽然属于过去时，但是我们不能让悲剧重演；对于近代以来太多的教训，需要我们认真地总结。

对于梁漱溟先生、冯友兰先生、汤一介先生、周一良先生，无论是道德文章，还是使命情怀，我都油然而生敬意。但即便是心存敬意，也还有很多地方需要反思和总结。

面向未来，我们还要总结那段历史，不是文过饰非，更不是苛求历史，而是以史为鉴，面向未来，以史学的营养昭示后人：面对时代的变动，我们如何不忘初心？在风云变幻之中，我们如何恪守知识分子的使命和责任？

历史为什么不能推倒重来？

人类历史发展的轨迹告诉我们：从理想的角度看，完全打破一个结构而重建新秩序，会有太多的震荡和代价。人类社会是一个自我扬弃、更新、学习和升华的过程，历史都是在累积的基础上靠人的努力不断优化。近代以来，中华民族经历了太多的苦难，终于建立了独立的国家，维系了国家的大一统和社会稳定，人民能够安居乐业，这需要倍加珍惜。

历史是在已有积累的基础上不断地升华、完善、革新和扬弃，而不是简单的推倒重来，这是我们阅读历史的重要经验。当然，在人类社会不断优化的过程中，最重要的是一个民族要有顺应大势的自觉，要有净化自我和净化革命的勇气。

面对近代以来经历无数人流血牺牲才有的国运隆盛局面，祝愿我们的祖国繁荣昌盛，文运昌隆，社会稳定，民族团结，人民安居乐业，社会欣欣向荣；祈愿每一个国民都能爱自己的国家，认同自己的文化，好好努力，既自强不息，又海纳百川，少一些情绪的宣泄，多一些建设性的努力；官员为官一任，造福一方；商人为富且仁，为社会增加财富，为别人提供就业机会；知识分子为社会弘扬正能量，传播优秀文化；工人做工一丝不苟；农民种地本本分分。承担好自己该承担的责任，勇于正视问题，不断地解决问题。君子务本，唯有如此，中华民族才会永远屹立于世界民族之林。

崖山之后，再无中华吗？

近些年，社会上流传这样一种观点：崖山（之战）之后再无中国，明亡之后再无华夏。这种错误观点，肢解民族认同和文化认同，竟然影响了很多人，我们有必要做出说明，以正视听。

中华民族是一个几千年历史绵延不息的民族，文明的河流从未干涸。根本不存在什么崖山之后无中国的问题。

我们要对什么是崖山之战做一个说明。宋、元战争从公元1235年全面爆发，至1279年崖山之战南宋灭亡，延续近半个世纪，它是蒙古势力崛起以来所遇到的费时最长、耗力最大、最为棘手的一场战争。据有关史料记载，公元 1279 年二月，南宋剩余的部队与气势汹汹的元军在广东新会崖门附近展开了一场历时 20 多天的大海战，据统计，双方投入兵力 30 余万，动用战船 2000 余艘，最终宋军全军覆没，主张勤王的陆秀夫背着南宋小皇帝赵昺投海，当时很多军民也跳海自杀，战船沉没，海上浮尸据记载达 10 多万，南宋王朝划上了句号。

崖山之战是南宋对蒙古侵略最后一次有组织的抵抗，南宋虽然失败，但有气节的人宁死不降，体现了中华民族宁死不屈的精神。崖山之战也是中国历史的重要转折点。中国相对独立发展的进程被打断，曾经高度发达的经济、文化、科技、科举与世族相结合的官僚制度，包括开始受限制的皇权、先进的政治制度等都中断了，自此以后，统治者更相信暴力的力量。这个事件给中国社会带来非常巨大的影响，之后有一些外国的史学家，提出了所谓"崖山之后，再无中国"的说法。

客观地说，崖山之战对中国历史的影响可谓巨大，但如果说"崖山之后，再无中华"，不仅违背事实，而且有惑乱人心之感。中华民族、中华文明历经五千多年的绵延不息，历经无数的苦难和考验，绝不会因为某一个事件而中断，相反，中华文化会历久弥新，推陈出新，中华民族更会愈挫愈奋，百折不挠。而且中华民族是五十六个民族共同融汇、共同发展成的整体，元朝本就是中华民族历史的一个朝代；中华文化是全体中华民族的共同创造，元朝是中华文化扬弃进程中的一个环节。

这种观点最大的错误就是以为一场战役失利，中国的浩然正气就中断了，以为在专制独裁的压制下，中华民族的生命力就中断了，这实际上很荒唐。

一个民族的精神传承，靠的是什么？靠的是经典启迪与人心悟道的结合。就是说，历代的大思想家和智者，把对生命、宇宙的领悟以经典的方式传承下来，这是唤醒人心之中道义的重要方式。崖山之战中，一些道义之士虽然战死，但是经典犹存。曾子的"士不可不弘毅，任重而道远"；

孔子的"杀身成仁，舍生取义"；孟子的"富贵不能淫，威武不能屈，贫贱不能移，此之谓大丈夫"等圣贤的教诲犹在。只要这些圣贤的经典在，就会撞击人们心中的那份勇敢和担当，就会有人站出来，每每遇到考验的时候置生死于不顾。顾炎武、林则徐、龚自珍、谭嗣同、秋瑾、孙中山、毛泽东、周恩来等，哪一个不是为国为民，抛头颅、洒热血？这些人就是中华民族精神的生动展示。

因此，不要以为一场战役失败，中华民族的精神就摧毁了。鲁迅先生讲："中国自古以来，就有埋头苦干的人，拼命硬干的人，舍命求法的人，这些人是中国人的脊梁。"毛泽东在1927年中国共产党遭遇大屠杀之后，写文章说："中国人是斩不尽、杀不绝的，我们掩埋好同伴的尸体，擦干净身上的血迹，又前进了。"这何尝不是中华民族的写照？回望历史，中华民族所遭遇的独裁专制、外来侵略，可谓不计其数，但是国破家亡的时候，总有人站出来，放下个人的得失，甚至不计生死，将个人的命运融入到国家的需要中去，以自己的微薄力量推动中国社会的进步，涓涓细流汇成大江大河，这其中有无数志士仁人，前赴后继，可歌可泣。

因此，崖山之战，无非是一些南宋的志士为了自己心中那份坚守舍生取义。崖山之后，一样有无数的中国人为了心中的道义勇敢地担当责任。一部中国的近代史，其中无数志士仁人的努力和贡献，就是中华民族生生不息的证明。明亡之后，中国社会虽经历专制独裁的压制，中华民族的历史也经历波折，但圣贤的经典在，圣贤所昭示的使命和责任在，人们仍可以在阅读圣贤书的过程中，启迪道心，做大丈夫。

当然，大家必须明白这样的道理：无论是哪个朝代、哪个国家、哪个时期，真正置生死于不顾的大丈夫都是少数；更多的人是平凡的芸芸众生。大多数的人都会追逐利益，都会更多地看重自己的得失，这是很正常的现象。我们不能希望每一个人都能够做到杀身成仁，舍生取义，但只要文化的经典在，就会有在经典启发下超越"小我"的大丈夫。

一句话，中华民族优秀文化的传承，是经典传承与个人觉悟的结合。历代圣贤和大德阅读过的书，我们今天同样可以阅读到；历代圣贤和大哲传递的精神，我们同样可以感受到。因此，每一个时代有每一个时代的英雄，不要以为哪一次战役战死了多少壮士，中华民族就萎缩了。根本不是这样，江山代有人才出，各领风骚数百年，如此而已。

懂得这个道理，我们以后就不要被什么"崖山之后，再无中华"之类的话所困惑。崖山是民族精神未衰的证明，林则徐禁烟、谭嗣同赴死、瞿秋白就义、方志敏不屈，哪一个不是民族精神的证明？即便是"文革"时期，有人要求近代大儒梁漱溟公开批评孔子，梁漱溟回应"三军可夺帅，匹夫不可夺志"，这不正是孔子"杀身成仁，舍生取义"的生动写照吗？如果说有一点值得忧虑，那就是有部分人现在不懂得阅读自身经典的重要性，开始迷失文化的认同和向心力。环顾世界，西方国家、犹太人、阿拉伯民族、印度等，它们无一不是把阅读本民族的经典作为文化传承和民族精神重塑的重要方式和途径，正是在这个过程中，国民有了文化认同，有了基本的为人处世的思维方式和行为方式。也正是在阅读经典的过程中，很多人心中的良知被激发，自觉成为一个国家的模范。可我们的青少年，更多接受的是快餐文化的消费，感官承受着全方位的刺激和诱惑，对于生命的责任、使命、担当、意义和价值等根本问题缺少思考，结果很多人过得浑浑噩噩，没有方向，没有使命，缺少起码的规则和责任意识。

在当前，我们要实现民族复兴，要领悟时代潮流等，这都没有错；但一定要有扎实的根基才能承载辉煌的未来；如果我们没有文化认同、缺少对本民族经典的阅读和理解，我们如何拥有自知之明？如何在知彼知己的前提下自觉反思自己、学习别人？从这个意义上说，阅读本民族经典，不仅是文化传承的重要方式，也是我们理解世界、不断进取的基础。

"崖山之后，再无中华"，这种看法源自日本学界研究的结论，传入中国后，影响深远。本来学术为社会之公器，应该秉持百家争鸣的原则，各抒己见，但这种观点的问题在于根本摧毁中华民族的文化归属和历史认同，事关中华民族的向心力、凝聚力，因此必须对这种观点做出说明，以正视听。

回望历史，无数的志士仁人书写了中华民族的历史，面向未来，我们后世子孙责无旁贷，要做雄浑壮阔的中国人，承担起我们该有的历史责任。

怎样理解历史的"变"与"不变"？

历史的演进，可谓日新月异，随时随地都在发生种种变化；可在这变化之中，也有着"不变"的东西在，正确认识这其中的关系，对于我们正确认识历史和创造未来，大有裨益。

《易传》有一句话：形而下者谓之器，形而上者谓之道。这句话的意思是我们看到的有形世界，是"道"具体的现象，"器"的层面也随时发生变化。可在有形世界背后，有一个内在的规则或者原理，我们称之为"道"。世间万物，随时随地发生变化，可在万事万物的背后，有一个支配万物的"道"。

在观察历史的时候，对于历史的"变"，我们容易理解；可什么是历史背后的"道"呢？那就是人心，就是人们对美好生活的追求。懂得了历史的"变"与"不变"，我们一方面不可固步自封，不可僵化保守，而应随时随地与时俱进；但是在这变化之中，我们还要把握不变的"道"，那就是永远扎根于人民，永远为人民服务，永远顺应人民对美好生活的追求。否则，任何历史上的强权、阴险和狡诈，看似一时风光，最终无不是落一个骂名。而那些万古流芳者，无不是为人民的福祉而肝脑涂地。

后　记
文化的真正生命力在于解决问题

几乎每一个人都有自己的思想，可是在大浪淘沙之后，真正留给后人的精品却并不多，于是我们不免要问：在历史的沉淀中，为什么有些文化和创造历久弥新，而有些则早已消失在历史的尘埃中了呢？这其中的筛选机制到底是什么？

人类之所以在历史演变中没有被毁灭，很大程度上在于人性之中有善良、宽容、友善、上进等引人走向光亮的力量，这样在面对所有考验的时候，就有了百折不挠、愈挫愈勇的力量和正确应对挑战的智慧，从而披荆斩棘，不断前行。反之，历史上无数的灾难，往往不是来自外部的挑战，而是源自人类自身的弱点，愚昧、狭隘、自私、偏见、极端、贪婪、仇恨等，点燃了无数的战火，摧毁了无数的文明。

人类文明史上所有伟大的作品，无一不是承载了人类美好的价值，唤醒人性之中积极向上的力量，点亮人类心中的觉悟之灯，不管经历多少风吹雨打，都是能让人们领悟如何守护文明的北斗星与心灵家园。

人类文明史上所有伟大的作品，都和人民的生活和社会的发展息息相关，都在以各自的方式回应着人们的困惑，指导人们前行，从而在潜移默化的滋润中，提升人类的素养，创造人类的文明。

文化，只有启迪和唤醒人性之中积极向上的力量，只有扎根于人们的生活，帮助人们更好地应对和解决生活中面临的各种问题和挑战，才能在大浪淘沙的历史长河中历久弥新，助力人们创造美好和幸福的生活。

本书中的文章，从心灵世界、精神家园，到文化认同、国家认同；从升华"小我"，到家国天下；从孩子教育到世事练达等，几乎涵盖了人们生活的方方面面，目的是希望以自己的思考给大家一点借鉴，让读者朋友能够在纷纷扰扰的世间万象中看穿迷雾，慧眼观潮，多一份清醒、智慧和博大。

孔子曾言："吾道一以贯之。"本书中的文章，虽篇目众多，同样可以"一以贯之"，那就是开启人们的"道心"，提升自身的德行和智慧，从而让我们的社会更进步，让人们的生活更美好，这就是写本书的初衷。

希望大家开卷有益，欢迎读者朋友批评指教。

2019 年 9 月 9 日